国家"双高"建设项目系列教材

数 字 化 测 图

主　编　侯林锋　　郑　艳　　杨泪朵

副主编　谭金石　　袁　园　　王　峰

西南交通大学出版社

·成　都·

图书在版编目（CIP）数据

数字化测图 / 侯林锋，郑艳，杨泪朵主编. -- 成都：
西南交通大学出版社，2024.1
国家"双高"建设项目系列教材
ISBN 978-7-5643-9687-9

Ⅰ.①数… Ⅱ.①侯… ②郑… ③杨… Ⅲ.①数字化
测图 - 高等职业教育 - 教材 Ⅳ.①P231.5

中国国家版本馆 CIP 数据核字（2024）第 009037 号

国家"双高"建设项目系列教材

Shuzihua Cetu
数字化测图

主编　侯林锋　郑　艳　杨泪朵

责 任 编 辑	王同晓
封 面 设 计	何东琳设计工作室
出 版 发 行	西南交通大学出版社
	（四川省成都市金牛区二环路北一段 111 号
	西南交通大学创新大厦 21 楼）
营销部电话	028-87600564　028-87600533
邮 政 编 码	610031
网　　　址	http://www.xnjdcbs.com
印　　　刷	四川森林印务有限责任公司
成 品 尺 寸	185 mm × 260 mm
印　　　张	16
字　　　数	417 千
版　　　次	2024 年 1 月第 1 版
印　　　次	2024 年 1 月第 1 次
书　　　号	ISBN 978-7-5643-9687-9
定　　　价	48.00 元

前　言

　　党的二十大报告指出，教育、科技、人才是全面建设社会主义现代化国家的基础性、战略性支撑。我们要坚持教育优先发展、科技自立自强、人才引领驱动，加快建设教育强国、科技强国、人才强国，坚持为党育人、为国育才，全面提高人才自主培养质量，着力造就拔尖创新人才，聚天下英才而用之。

　　本教材根据党的二十大精神，结合高等职业技术院校的教学要求，以培养学生的技术应用能力为主线，在进行广泛的岗位需求调研基础上，充分考虑高职院校学生的实际情况和测绘学科的发展状况，制定本书的编写大纲。大纲要求理论部分简明扼要、通俗易懂，专业知识教学加强针对性和实用性，贴近生产实际，力求编写出一本内容全面、技术先进、符合高等职业技术教育改革方向的专业基础课教材。

　　教材结构上采用项目导向式编排，每个单元为一个具体的项目任务，项目最后有项目小结，并配有项目评价以及实训与讨论，使教学和实际应用相结合，体现了"教、学、做"一体化的要求。内容参照我国现行数字测图规范编写，理论部分以够用为度，实践部分重点提高学生利用现代化仪器设备（全站仪、GNSS 接收机）进行数字地形图测绘和应用的能力，为学生从事数字化测图生产打下坚实的基础。

　　教材一共 7 个项目，项目 1 为数字测图认知，介绍了数字测图的基本知识、基本方法以及数字测图的硬件（全站仪等）和软件（SouthMap 等）；项目 2 数字测图的准备工作，介绍了数字测图的技术设计和全站仪、RTK 图根控制测量；项目 3 地形图外业数据采集，介绍了全站仪和 GNSS-RTK 外业数据采集；项目 4 大比例尺地形图成图方法，结合 SouthMap 软件介绍了大比例尺数字地形图的绘制方法；项目 5 数字测图检查验收与技术总结，结合数字测图规范介绍了数字测图的检查验收和编写技术总结的方法；项目 6 数字地形图在工程建设中的应用，结合 SouthMap 软件介绍了大比例尺数字地形图在工程建设中的使用方法；项目 7 实景三维测图，介绍了 SouthMap3D 软件的安装及使用。每章附有项目小结，同时附有项目评价及实训与讨论，既便于教师组织教学，了解学生的掌握情况，又便于学生自查。

　　本书是国家"双高"建设项目系列教材、广东工贸职业技术学院高等职业教育测绘地理信息类"十四五"规划教材，由广东工贸职业技术学院侯林锋、郑艳、谭金石、袁园，广东交通职业技术学院杨泪朵和广州市城市规划勘测设计研究院王峰共同编写。

其中第一章由袁园编写；第二章和第三章由侯林锋编写；第四章和第六章由郑艳编写；第五章由杨泪朵编写；第七章由谭金石编写。全书由侯林锋、袁园、王峰共同统稿。

作者在编写过程中，得到了南方测绘公司的大力支持，同时参阅了大量的文献，引用了同类书刊的部分资料，在此，谨向有关单位和作者表示感谢！同时对西南交通大学出版社为本书出版所做的辛勤工作表示衷心感谢！

由于作者水平有限，书中难免有不妥和遗漏之处，恳请读者批评指正。

编　者

2023 年 5 月

目　录

项目 1 数字测图认知

知识目标

- 了解数字测图基本知识。
- 掌握数字测图基本方法。
- 认识与使用数字测图的硬件。
- 认识与使用数字测图的软件。

技能目标

- 掌握常用仪器全站仪、GNSS 操作方法。
- 学会 SouthMap 软件的安装。

素质目标

- 培养学生社会主义核心价值观和家国情怀。
- 培养精益求精的工匠精神、较强的集体意识和团队合作精神。
- 培养勇于奋斗、乐观向上，具有自我管理能力、职业生涯规划的意识。

工作任务

- 任务 1-1 数字测图基本知识
- 任务 1-2 数字测图基本方法
- 任务 1-3 数字测图的硬件
- 任务 1-4 数字测图的软件

任务 1-1　数字测图基本知识

📎 任务目标

掌握数字测图的基本知识。

📎 任务描述

大比例尺数字化测图是伴随着电子计算机、电子速测仪、数字测图软件和 GIS 技术的应用而迅速发展起来的全新技术，广泛用于工程勘察、土地管理、城市规划等部门，并成为测绘技术变革的重要标志。本次任务主要是学习数字测图相关的基础知识。

📎 任务分析

数字地图就是以数字形式存储全部地形信息的地图，是用数字形式描述地形要素的属性、定位和关系信息的数据集合，是存储在具有直接存取性能的介质上的关联数据文件。与数字地图关系密切的另一个地图品种是电子地图，是由数字地图经可视化处理在屏幕上显示出来的地图。

大比例尺数字化测图技术逐步替代传统的白纸测图，促进了测绘行业的自动化、现代化、智能化。测量的成果不仅有绘在白纸或聚酯薄膜上的地形图，还有方便传输、处理、共享的数字信息，即数字地形图，它将为信息时代地理信息的发展产生积极的意义。

任务实施

1. 认识地图与地形图

地图（图 1-1）是按照一定的数学法则，用规定的图式符号和颜色，把地球表面的自然和社会现象有选择地缩绘在平面图纸上，它具有严格的数学基础、符号系统、文字注记，并能用地图概括原则，科学地反映出自然和社会经济现象的分布特征及其相互关系。

地形图（图 1-2）指的是地表起伏形态和地理位置、形状在水平面上的投影图。图上既表示出道路、河流、居民地等一系列固定地物的位置，又表示出地面各种高低起伏形态（称为地形或地貌），并经过综合取舍，按比例缩小后按照规定的符号和一定的表示方法描绘在平面图上的图。因此地形图由地物和地形（地貌）构成。

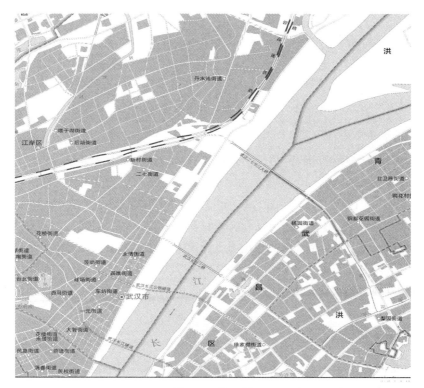

图 1-1 地 图

1：500

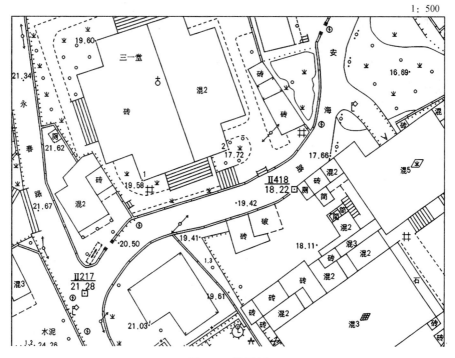

图 1-2 地形图

2．认识比例尺

我国国家基本比例尺地形图是根据国家颁布的测量规范、图式和比例尺系统测绘或编绘的全要素地图，也可简称"国家基本地形图""基础地形图""普通地图"等。地形图上任意一线段的长度 d 与地面上相应线段的实际水平长度 D 之比，称为地形图的比例尺。

$$\frac{d}{D} = \frac{1}{D/d} = \frac{1}{M} \qquad (1\text{-}1)$$

比例尺的大小是以比例尺的比值来衡量的，分数值越大（M 越小），比例尺越大。

目前我国采用的基本比例尺系统为：1∶500、1∶1000、1∶2000、1∶5000、1∶1万、1∶2.5万、1∶5万、1∶10万、1∶25万、1∶50万、1∶100万等11种。

基本地形图是经济建设、国防建设和文教科研的重要图件，又是编绘各种地理图的基础资料，其测绘精度、成图数量和速度等是衡量国家测绘技术水平的重要标志。

大比例尺地形图通常指 1∶500、1∶1000、1∶2000、1∶5000 比例尺的地形图。本教材主要按照 1∶500 地形图测绘进行讲述。

3．认识数字化测图

传统的地形测量是用白纸测图的方法，即利用大平板、小平板、经纬仪对地球表面局部区域内的各种地物、地形的空间位置和几何形状进行测定，并按一定的比例尺由人工绘制到白纸或聚脂薄膜上。它主要采用解析法和极坐标法，其成果为模拟式的图解图。由于其成图周期长、精度低、劳动强度大等局限，逐渐被淘汰。

随着科学技术的进步和计算机技术的迅猛发展及其向各个领域的渗透，以及电子全站仪、GNSS-RTK 技术等先进测量仪器和技术的广泛应用，地形测量向自动化和数字化方向发展，数字化测图技术应运而生。

数字化测图实质上是一种全解析机助测图方法，在地形测量发展过程中这是一次根本性的技术变革。传统的白纸测图的最终成果是地形图，图纸是地形信息的唯一载体；数字测图地形信息的载体是计算机的存储介质，其提交的成果是可供计算机处理、远距离传输、多方共享的数字地形图数据文件，通过数控绘图仪可输出地形图。另外，利用数字地形图可生成电子地图和数字地面模型（DTM）。更具深远意义的是，数字地形信息作为地理空间数据的基本信息之一，成为地理信息系统（GIS）的重要组成部分。

广义的数字测图包括：利用全站仪或其他测量仪器进行野外数字化测图；利用数字化仪对纸质地形图的数字化；利用航摄、遥感像片进行数字化测图等技术。利用上述技术将采集到的地形数据传输到计算机，由数字成图软件进行数据处理，经过编辑、图形处理，生成数字地形图。狭义的数字测图指全野外数字化测图，本书主要介绍全野外数字化测图。

工作拓展

数字测图技术的发展主要依赖于数据采集与数据处理方法的发展，今后数字测图技术的发展趋势主要体现在以下几个方面：

（1）全站仪自动跟踪测量模式。自动跟踪测量的全站仪又叫作测量机器人，带有无线通信设备和伺服马达，能够自动跟踪测量，测量数据由测站自动无线传输到便携机或电子平板。从理论上讲，这种全站仪自动跟踪测量方法，只要一名测绘员在镜站立对中杆并操作电子平板绘图，可以实现单人数字测图。目前这种设备尽管价格昂贵，但随着科学技术的不断发展，必将在数字测图领域得到广泛的应用。

（2）三维激光扫描测量模式。三维激光扫描技术又称为实景复制技术，它通过高速激光扫描测量的方法，大面积、高分辨率地快速获取被测对象表面的三维坐标，经过计算机对三维坐标及几何关系的处理，可以快速建立物体的三维影像模型。它突破了传统单点测量的方法，具有实时动态、高效率、高密度、高精度和自动化等特点，是数字测图技术的又一次变革。目前三维激光扫描系统硬件部分已经成熟，软件尚需完善。

（3）数字摄影测量模式。数字摄影测量系统在我国已经普及，成为数据获取的一种有效手段。近年来，摄影测量技术又有了新的发展。一是机载激光雷达系统，在获取摄影测量影像的同时，还可以高密度地获取地面点的三维坐标，提高了摄影测量（特别是地面点高程）的精度；二是无人机摄影测量技术得到了迅速的发展应用，极大地降低了摄影测量的成本。

总之，数字测图技术未来的发展主要在改进数据采集手段，不断朝着快速化、自动化方向发展，进而不断提高数字测图的作业效率。

考核评价

1．任务考核

表 1-1　任务 1-1 考核

考核内容			考核评分		
项目	内　容	配分	得分	批注	
工作准备（20%）	能够正确理解工作任务 1-1 内容、范围及工作指令	10			
	能够查阅和理解技术手册	10			
实施程序（50%）	正确认识地图	10			
	正确认识地形图	10			
	正确认识比例尺	10			
	学习了解数字化测图	10			
	安全无事故并在规定时间内完成任务	10			
课后（30%）	查阅资料了解全站仪自动跟踪测量模式	10			
	查阅资料了解三维激光扫描测量模式	10			
	查阅资料了解数字摄影测量模式	5			
	按照工作程序，填写完成作业单	5			
考核评语	考核人员：　　　　日期：　　年　月　日	考核成绩			

2．任务评价

表 1-2　任务 1-1 评价

评价项目	评价内容	评价成绩	备注
工作准备	任务领会、资讯查询、器材准备	□A □B □C □D □E	
知识储备	基础知识认知、技术展望	□A □B □C □D □E	
计划决策	任务分析、任务流程、实施方案	□A □B □C □D □E	
任务实施	专业能力、沟通能力、实施结果	□A □B □C □D □E	
职业道德	纪律素养、安全卫生、器材维护	□A □B □C □D □E	
其他评价			
导师签字：　　　　　　　　　　日期：　　　　年　月　日			

注：在选项"□"里打"√"，其中 A 为 90～100 分；B 为 80～89 分；C 为 70～79 分；D 为 60～69 分；
　　E 为不合格。

任务 1-2　数字测图基本方法

任务目标

掌握数字测图的基本思想、基本过程、基本方法。

任务描述

本次任务主要讲述数字测图的基本思想、基本过程以及基本方法。

任务分析

通过数字测图的全方位讲述了解如何进行数字测图。

1．数字测图基本思想

传统的地形测图（白纸测图）实质上是将测得的观测值（数值）用图解的方法转化为图形。这一转化过程几乎都是在野外实现的，即便是原图的室内整饰一般也要在测区驻地完成，因此劳动强度较大；再则，这个转化过程将使测得的数据所达到的精度大幅度降低。特别是在信息剧增、日新月异的今天，一纸之图已难载诸多图形信息，变更、修改也极不方便，实在难以适应当前经济建设的需要。

数字测图就是要实现丰富的地形信息和地理信息数字化和作业过程的自动化或半自动化。它尽可能缩短野外测图时间，减轻野外劳动强度，而将大部分作业内容安排到室内去完成。与此同时，将大量手工作业转化为电子计算机控制下的机械操作，不仅能减轻劳动强度，而且能提高观测精度。

数字测图的基本思想是将地面上的地形和地理要素（或称模拟量）转换为数字量，然后由电子计算机对其进行处理，得到内容丰富的电子地图，需要时由图形输出设备（如显示器、绘图仪）输出地形图或各种专题图图形。将模拟量转换为数字这一过程通常称为数据采集。数字测图的基本思想与过程如图 1-3 所示。数字测图就是通过采集有关的绘图信息并及时记录在数据终端（或直接传输给便携机），然后在室内通过数据接口将采集的数据传输给电子计算机，并由计算机对数据进行处理，再经过人机交互的屏幕编辑，形成绘图数据文件，存储在硬盘、光盘等存储介质中。如果需要纸质地形图，由计算机控制绘图仪自动输出。

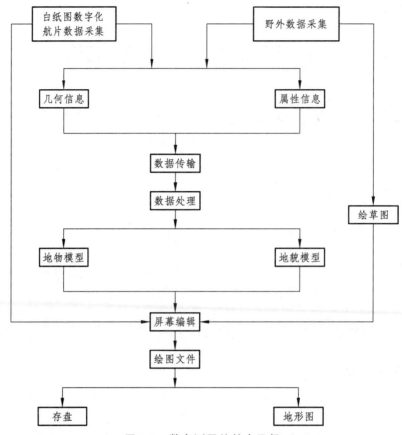

图 1-3　数字测图的基本思想

2．数字测图的基本过程

数字测图的作业过程与使用的设备和软件、数据源及图形输出的目的有关。但不论是测绘地形图，还是制作种类繁多的专题图、行业管理用图，只要是测绘数字地图，都包括数据采集、数据处理和图形输出三个基本阶段。

```
数据采集 ──▶ 数据处理 ──▶ 数据输出
```

图 1-4　数字测图的基本过程

1）数据采集

数据采集工作是数字测图的基础。地形图、航空航天遥感像片、图形数据或影像数据、统计资料、野外测量数据或地理调查资料等，都可以作为数字测图的信息源。数据资料可以通过键盘或转储的方法输入计算机；图形和图像资料一定要通过图数转换装置转换成计算机能够识别和处理的数据。

数据采集主要有如下几种方法。

（1）GNSS-RTK 法，即通过 GNSS 接收机采集野外碎部点的信息数据；

（2）大地测量仪器法，即通过全站仪、测距仪、经纬仪等大地测量仪器实现碎部点野外数据采集；

（3）数字化仪法，即通过数字化仪在已有地图上采集信息数据；

（4）航测法，即通过航空摄影测量和遥感手段采集地形点的信息数据。

前两者是野外数据采集，后两者是室内数据采集。

2）数据处理

数据处理阶段是指在数据采集以后到图形输出之前对图形数据的各种处理。数据处理主要包括数据传输、数据预处理、数据转换、数据计算、图形生成、图形编辑与整饰、图形信息的管理与应用等。

数据传输是指将全站仪内存或 GNSS 电子手簿中的数据传输至计算机。

数据预处理包括坐标变换、各种数据资料的匹配、图形比例尺的统一、不同结构数据的转换等。

数据转换内容很多，如将野外采集到的带简码的数据文件或无码数据文件转换为带绘图编码的数据文件，供自动绘图使用；将 CAD 的图形数据文件转换为 GIS 的交换文件。

数据计算主要是针对地貌关系的。当数据输入到计算机后，为建立数字地面模型绘制等高线，需要进行插值模型建立、插值计算、等高线光滑处理三个过程的工作。数据计算还包括对房屋类呈直角拐弯的地物进行误差调整，消除非直角化误差等。

数据处理是通过相应的计算机软件来完成的，经过数据处理后，可产生平面图形数据文件和数字地面模型文件。要想得到一幅规范的地形图，还要对数据处理后生成的"原始"图形进行修改、编辑、整理；还需要加上文字注记、高程注记，并填充各种面状地物符号；还要进行测区图形拼接、图形分幅和图廓整饰等。数据处理还包括对图形信息的全息保存、管理、使用等。

数据处理是数字测图的关键阶段。在数据处理时，既有对图形数据进行交互处理，也有批处理。数字测图系统的优劣取决于数据处理的功能。

3）数据输出

经过数据处理以后，即可得到数字地图，也就是形成一个图形文件，由磁盘或磁带作永久性保存；也可以将数字地图转换成地理信息系统所需要的图形格式，用于建立和更新 GIS 图形数据库。图形输出是数字测图的最后阶段，可在计算机控制下通过数控绘图仪绘制完整的纸质地形图。除此之外，还可以根据需要绘制不同规格和不同形式的图件，如开窗输出、分层输出和变比例输出等。

3. 数字测图基本方法

由于使用的硬件设备和软件不同，以及采用的作业方法不同，数字测图有不同的作业方法。就目前全野外数字测图而言，可分为数字测记模式和电子平板测绘模式。

1）数字测记模式

数字测记模式就是用全站仪（或 GNSS 接收机）在野外测量地形特征点的点位坐标，用全站仪内存或电子手簿记录测点的几何信息，用编码在仪器上或草图在白纸上记录测点的属性信息和连接信息，到室内将测量数据由仪器传输到计算机，经人机交互编辑成图。数字测记模式的优点是外业设备轻便，操作方便，野外作业时间短。根据作业方法的不同又可以分为编码法和草图法。

（1）编码法。

编码法即利用成图系统的地形地物编码方案，在野外测图时不用画草图，只需将每一点的编码和相邻点的连接关系直接输入到全站仪或电子记录手簿中去，成图系统就会自动根据点的编码和连点信息进行图形生成。编码法突出的优点是外业只需要两个人即可完成，内业自动化程度较高，工作量相对较少，符合测量作业自动化的大趋势；缺点是这种作业模式要求观测员熟悉编码，并在测站上随观测随输入。

（2）草图法。

草图法是指在外业过程中绘制草图来记录地物属性和点与点之间的连接关系，不用为每一点都赋予编码，也不用加注点的连接信息，当系统把所测的点展到计算机屏幕上之后，对照草图就可以在屏幕上直接进行编辑成图。草图法的优点是外业数据采集过程简单，内业对照草图编辑较为直观；缺点是作业效率相对较低。

编码法和草图法成图模式无法实时显示和处理图形，图形信息很大程度上靠数据来体现，这就给测绘地面情况比较复杂的地形图、地籍图等带来困难。

2）电子平板测绘模式

电子平板测图是利用电子平板测绘成图系统，把便携计算机或 PDA（掌上电脑）与全站仪连接，实时进行数据采集，数据处理与图形编辑。电子平板测绘系统是在传统数字化成图系统的基础上开发而成，其数据采集与图形处理在同一环境下完成，实时处理所测数据，具有现场直接生成地形图"即测即显，所见所得"等优点，实现了内外业的一体化，但对阴雨天、暴晒或灰尘等条件难以适应。

电子平板测绘模式按照便携机所处的位置，分为测站电子平板和镜站遥控电子平板。测站电子平板是将装有软件的便携机直接与全站仪连接，在测站实时展点绘图。测站电子平板受视野所限，对碎部点的属性和连接关系不易判断准确。而镜站遥控电子平板是将便携机放在镜站，测站观测结果通过无线传输到便携机，并在屏幕上自动展点。镜站遥控电子平板能够"走到、看到、绘到"，不易漏测，克服了测站电子平板的不足，提高了成图质量，但对仪器要求较高。

1. 任务考核

表 1-3　任务 1-2 考核

考核内容			考核评分		
项目	内　容	配分	得分	批注	
工作 准备 （30%）	能够正确理解工作任务 1-2 内容、范围及工作指令	10			
	能够查阅和理解技术手册	10			
	确认携带技术手册	10			
实施 程序 （50%）	掌握数字测图基本思想	10			
	掌握数字测图基本过程	20			
	掌握数字测图基本方法	10			
	安全无事故并在规定时间内完成任务	10			
课后 （20%）	借助仪器操作来了解数字测图过程	10			
	按照工作程序，填写完成作业单	10			
考核 评语	考核人员：　　　　日期：　　　年　月　日	考核 成绩			

2. 任务评价

表 1-4　任务 1-2 评价

评价项目	评价内容	评价成绩	备注
工作准备	任务领会、资讯查询、器材准备	□A □B □C □D □E	
知识储备	基本思想、基本过程、基本方法	□A □B □C □D □E	
计划决策	任务分析、任务流程、实施方案	□A □B □C □D □E	
任务实施	专业能力、沟通能力、实施结果	□A □B □C □D □E	
职业道德	纪律素养、安全卫生、器材维护	□A □B □C □D □E	
其他评价			
导师签字：　　　　　　　　　　　　　　日期：　　　　　年　月　日			

注：在选项"□"里打"√"，其中 A 为 90～100 分；B 为 80～89 分；C 为 70～79 分；D 为 60～69 分；
　　E 为不合格。

任务 1-3 数字测图的硬件

任务要求

任务目标

认识与使用全站仪、GNSS-RTK。

任务描述

数字测图系统的硬件主要有全站仪、GNSS 接收机、计算机（或 PDA）、绘图仪、扫描仪以及其他输入输出设备。全站仪或 GNSS 接收机采集的野外数据通过通信接口传输到计算机，通过软件处理后形成数字图或专用图以及其他专用数据存储于计算机中，以便输出和管理。本次任务主要是讲述认识与使用全站仪、GNSS 接收机。

任务分析

本次任务可以分两步完成：第一步介绍全站仪的使用，第二步介绍 GNSS-RTK 的应用。

工作准备

1．材料准备

准备好所有的硬件设备，如表 1-5 所示。

表 1-5 任务 1-3 设备及材料清单

序号	硬件名称	规格	数量
1	全站仪	南方 NTS342	1 套
2	GNSS	南方银河系列	1 套

2．安全事项

（1）作业前请检查仪器是否能够正常使用。

（2）检查电源及设备材料是否齐备、安全可靠。

（3）作业时要注意摆放好设备材料，避免伤人或造成设备损伤。

1. 全站仪的认识与使用

全站仪是一种可以同时进行角度测量和距离测量，由机械、光学、电子元件组合而成的测量仪器。由于只要一次安置仪器便可以完成在该测站上所有的测量工作，故被称为全站仪。开始时，是将电子经纬仪与光电测距仪装置在一起，并可以拆卸，分离成经纬仪和测距仪两部分，称为积木式全站仪，如图 1-5 所示。

图 1-5 积木式全站仪

可将光电测距仪的光波发射接收装置系统的光轴和经纬仪的视准轴组合为同轴的整体式全站仪，如图 1-6 所示。整体式全站仪的优点是电子经纬仪和光电测距仪使用共同的光学望远镜，方向和距离测量只需瞄准一次，操作简便，从 20 世纪 90 年代起，已经取代了积木式全站仪。全站仪具有多功能、高效率的特性，它改变了测量工作的作业习惯和方式，拓展了测量技术的一些概念和手段，出现后迅速成为数字测图野外数据采集的主要仪器设备之一。

图 1-6 整体式全站仪

1）全站仪结构

全站仪由电源部分、测角部分、测距部分、中央处理单元、存储单元和输入输出设备组成。电源部分供给其他各部分电源，包括望远镜十字丝和显示屏的照明；测角部分相当于电子经纬仪，可以测定水平角、竖直角和设置方位角；测距部分相当于光电测距仪，一般用红外光源，测定到目标点的斜距，可归算为平距和高差；中央处理单元接受输入指令，分配各种观测作业，进行测量数据的运算，包括运算功能更为完善的各种软件；存储单元可以存储外业采集的数据，也可以将已知点坐标提前输入到存储单元；输入输出设备包括键盘、显示屏和通信接口，从键盘可以输入操作指令、数据和设置参数，显示屏可以显示出仪器当前的工作方式、状态、观测数据和运算结果；通信接口使全站仪能与 U 盘、SD 卡、计算机交互通信、传输数据。

2）全站仪特性

同电子经纬仪、光学经纬仪相比，全站仪增加了许多特殊部件，因此而使得全站仪具有比其他测角、测距仪器更多的功能，使用也更方便。这些特殊部件构成了全站仪在结构方面独树一帜的特点。

（1）同轴望远镜。

全站仪的望远镜实现了视准轴、测距光波的发射、接收光轴同轴化。同轴化的基本原理是：在望远物镜与调焦透镜间设置分光棱镜系统，通过该系统实现望远镜的多功能，既可瞄准目标，使之成像于十字丝分划板，进行角度测量。同时其测距部分的外光路系统又能使测距部分的光敏二极管发射的调制红外光在经物镜射向反光棱镜后，经同一路径反射回来，再经分光棱镜作用使回光被光电二极管接收；为测距需要在仪器内部另设一内光路系统，通过分光棱镜系统中的光导纤维将由光敏二极管发射的调制红外光传也送给光电二极管接收，进行而由内、外光路调制光的相位差间接计算光的传播时间，计算实测距离。同轴性使得望远镜一次瞄准即可实现同时测定水平角、垂直角和斜距等全部基本测量要素的测定功能。加之强大、便捷的数据处理功能，使全站仪使用极其方便。

（2）双轴自动补偿。

全站仪作业时若全站仪纵轴倾斜，会引起角度观测的误差，盘左、盘右观测值取中不能使之抵消。而全站仪特有的双轴（或单轴）倾斜自动补偿系统，可对纵轴的倾斜进行监测，并在度盘读数中对因纵轴倾斜造成的测角误差自动加以改正（某些全站仪纵轴最大倾斜可允许至 ±6′）。也可通过将由竖轴倾斜引起的角度误差，由微处理器自动按竖轴倾斜改正计算式计算，并加入度盘读数中加以改正，使度盘显示读数为正确值，即所谓纵轴倾斜自动补偿。

（3）程序化。

程序化是指在内存中存储了一些常用的测量作业程序，如对边测量、悬高测量、后方交会、面积测量、偏心测量等。操作者按照仪器的设定进行观测，即可现场给出结果，提高了工作效率。

（4）智能化。

随着电子技术的发展，现今不断推出了一系列的智能型全站仪，是一种集自动目标跟踪与识别、自动照准、自动测角与测距、自动记录于一体的测量平台。测量机器人内置了程序设计软件，用户可以根据自己需要开发相应的应用程序，从而极大地提高了作业效率。

3）全站仪基本功能

（1）角度测量。

全站仪测角是由仪器内集成的电子经纬仪完成的。电子经纬仪测角采用的是光电扫描度盘自动计数，自动处理数据，自动显示、存储和输出数据。在全站仪内部还设置安装了一个微处理器，由它来控制电子测角、测距，以及各项固定参数如温度、气压等信息的输入、输出，还由它进行观测误差的改正、有关数据的实时处理等。

电子经纬仪的度盘主要有编码度盘、光栅度盘和动态度盘三种形式，对应的测角系统主要有三类：绝对式编码度盘测角、增量式光栅度盘测角和动态式测角。绝对式编码度盘测角是电子经纬仪中采用最早、较为普遍的电子测角方法；增量式光栅度盘测角比较容易实现，出现后被广泛采用；动态式测角通过角度测微技术来提高测角分辨率，测角精度可达 ±0.5″。

（2）距离测量。

全站仪测距是由仪器内集成的光电测距仪完成的。光电测距仪是通过测量光波在待测距离上往返传播的时间 t，依据光波的传播速度计算待测距离。

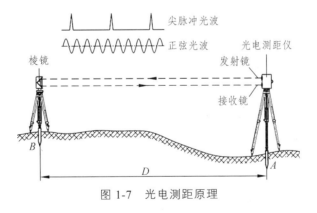

图 1-7　光电测距原理

如图所示，欲测定 A、B 两点间的距离 D，安置仪器于 A 点，安置反射棱镜（简称反光镜）于 B 点。仪器发出的光束由 A 到达 B，经反光镜反射后又返回到仪器。通过测定光波在 A、B 两点间往返传播的时间，可以计算待测距离 D。

$$D = \frac{1}{2}ct \qquad\qquad (1\text{-}2)$$

式中：c——光在大气中传播的速度。

2. GNSS-RTK 的认识与使用

RTK 技术的基本思想是：在基准站上设置 GNSS 接收机，对所有可见 GNSS 卫星进行连续的观测，并将其观测数据通过无线电传输设备，实时地发送给用户观测站。在用户站上，GNSS 接收机在接收 GNSS 卫星信号的同时，通过无线电接收设备，接收基准站传输的观测数据，然后根据相对定位原理，实时地解算整周模糊度未知数并计算显示用户站的三维坐标及其精度。通过实时计算的定位结果，便可监测基准站与用户站观测成果的质量和解算结果的收敛情况，实时地判定解算结果是否成功，从而减少冗余观测量，缩短观测时间。

RTK 技术按实现手段可分为两种：一种是通过无线电技术接收单基站广播改正数的常规 RTK 技术；另一种是基于互联网技术、无线通信技术接收多个（3 个或 3 个以上）GNSS 基准站播发改正数的网络 RTK 技术。下面分别对两种方法进行介绍。

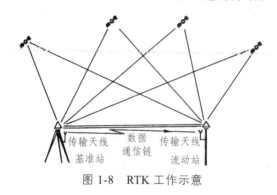

图 1-8　RTK 工作示意

1）常规 RTK 测量系统

常规 RTK 技术在 20 世纪 90 年代初一经问世，就极大地拓展了 GNSS 使用空间，使 GNSS 从只能做控制测量的局面中摆脱出来，开始广泛地运用于工程测量。

RTK 测量系统主要由 GNSS 接收机、数据传输系统和 RTK 测量软件系统三部分组成。按照仪器架设位置来划分，常规 RTK 测量系统分为基准站和流动站两部分。下面以南方灵锐 S86 GNSS 接收机来介绍 RTK 测量系统。

（1）基准站。

RTK 系统基准站是由基准站 GNSS 接收机、无线电数据链电台及发射天线和直流电源组成。其作用是求出 GNSS 实时相位差分改正值，然后将改正值及时地通过数据传输电台传递给流动站以精化其 GNSS 观测值，得到经过差分改正后流动站较准确的实时位置。下面以广州南方测绘仪器有限公司生产的灵锐 S86 GNSS 接收机为例说明。RTK 测量系统基准站如图 1-9 和图 1-10 所示。

GNSS-RTK 定位的数据处理过程是基准站和流动站之间的单基线处理过程，基准站和流动站的观测数据质量好坏、无线电的信号传输质量好坏对定位结果的影响很大。由于流动站作业点只能由工作任务决定,因此基准站位置的有利选择和无线电数据链的稳定性非常重要。

图 1-9　灵锐 S86 基准站

图 1-10　基准站接收机

（2）流动站。

流动站是由流动站接收机和手簿构成。下面仍以广州南方测绘仪器有限公司生产的灵锐 S86 GNSS 接收机为例说明。南方 RTK 流动站如图 1-11 所示。流动站在接收相同的卫星信号的同时,也接收从基准站电台发射的实时相位差分改正值,用配备的 PSION 电子手簿进行实时解算,如图 1-12 所示。

图 1-11　流动站接收机和手簿

图 1-12　PSION 手簿

2）网络 RTK 测量系统

20 世纪 90 年代中期，人们提出了网络 RTK 技术。随着网络 RTK 技术的问世，使一个地区的所有测绘工作成为一个有机的整体，结束常规 RTK 作业单打独斗的局面。网络 RTK 大大扩展 RTK 的作业范围，使 GNSS 的应用更广泛，精度和可靠性将进一步提高，使从前许多 GNSS 无法完成的任务得以完成。

（1）网络 RTK 的概述。

网络 RTK 即在一定区域内，建立 3 个或 3 个以上连续运行基准站，对该地区构成网络覆盖；用这些光缆将这些基准站与控制中心相连，把各自的卫星观测数据发送到控制中心统一进行处理，以获得各站的高精度坐标和区域内各点的差分改正数据；并通过互联网或移动通信的 GPRS、CDMA 方式实时发送到流动站用户接收机，从而得到理想的定位结果。差分改正数据的计算有多种方法：一是美国天宝公司的虚拟参考站（VRS）技术，二是瑞士徕卡公司近几年提出的区域改正参数（FKP）技术。其中由于 VRS 技术较为成熟，在国内应用较多，本节将重点讲述 VRS 技术的网络 RTK 的使用。

网络 RTK 技术使得 GNSS 测量的应用更加广泛，精度和可靠性得到了进一步的提升，最重要的是建立 GNSS 网络的成本反而降低了很多。由于 VRS 技术的种种先进性，一经问世就受到了世界各国的广泛关注，并得到积极的实施，我国深圳市第一个建成了 VRS 技术卫星定位服务，北京、成都、东莞、河北省等都已建成了 VRS 定位系统，为当地的经济发展、城市信息化和数字化发挥了重要作用。

（2）基于 VRS 的网络 RTK 系统组成。

① VRS 系统构成。

VRS 系统集 GNSS、互联网、移动通信和计算机网络管理技术于一身。VRS 的系统构成由 GNSS 固定基准站（3 个以上）子系统、数据传输子系统、GNSS 网络监控中心子系统、数据发播子系统和用户子系统五部分构成。VRS 网络组成与数据流程如图 1-13 所示。

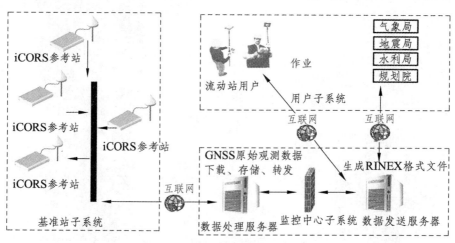

图 1-13　VRS 网络组成与数据流程

② VRS 的工作原理

一个 VRS 网络由 3 个以上的固定基准站组成，站与站之间的距离可达 70 km，固定基准站负责实时采集 GNSS 卫星观测数据并传送给 GNSS 网络监控中心。由于这些固定基准站有长时间的观测数据，点位精度很高。固定基准站与监控中心之间可以通过光缆、ISDN（综合业务数字网）或普通电话线相连，将数据实时传递到控制中心。监控中心是整个系统的核心，除了接收来自基准站的所有数据，也接收从流动站发来的概略坐标，然后根据用户位置，自动选择最佳的一组固定站数据，整体改正 GNSS 轨道误差、电离层、对流层和大气折射引起的误差，将经过改正后高精度的 RTCM 差分信号通过无线网络（TD-SCDMA、CDMA、GPRS）发送给用户。这个差分信号的效果相当于在移动站旁边，生成一个虚拟的参考基站，从而解决了 RTK 作业距离上的限制问题，并保证了用户的精度。可以看出，VRS 系统实际上是一种多基站技术，它在处理上联合了多个固定基准站的联合数据。

3）RTK 技术的优缺点

（1）RTK 技术的优点。

① 作业效率高。

在一般的地形地势下，高质量的 RTK 设站一次即可测完 5 km 半径的测区，大大减少了传统测量所需的控制点数量和测量仪器的"搬站"次数，仅需一人操作，每个测量点只需要停留 1 ~ 2 s，就可以完成作业。在公路路线测量中，每小组（3 ~ 4 人）每天可完成中线测量 6 ~ 8 km，在中线放样的同时完成中桩抄平工作。若用其进行地形测量，每小组每天可以完成 0.8 ~ 1.5 km^2 的地形图测绘，其精度和效率是常规测量所无法比拟的。

② 定位精度高，没有误差积累。

只要满足 RTK 的基本工作条件，在一定的作业半径范围内（一般为 5 km），RTK 的平面精度和高程精度都能达到厘米级，且不存在误差积累。

③ 全天候作业。

GNSS 测量可以在任何时间、任何地点连续地进行，不受天气状况的影响。

④ 测站间无需通视。

既要保持良好的通视条件，又要保障测量控制网具有良好的图形结构，这一直是经典测量技术在实践方面的必须面对的难题之一。GNSS 测量不要求测站之间相互通视，因而不再需要建造觇标。这一优点既可大大减少测量工作的时间和经费，同时又使点位的选择更为灵活。

⑤ 提供三维坐标。

GNSS 测量可直接获得测站地心三维坐标系成果（B、L、H），它为研究大地水准面的形状和测定地面点的高程开辟了新的途径，同时也为航空物探、航空摄影测量及精密导航提供了重要的高程数据。

⑥ RTK 作业自动化、集成化程度高。

RTK 可胜任各种测绘外业。流动站配备高效手持操作手簿，内置专业软件可自动实现多种测绘功能，减少人为误差，保证了作业精度。

（2）RTK 技术的缺点。

虽然 GNSS 技术有着常规仪器所不能比拟的优点，但经过多年的工程实践证明，GNSS RTK 技术存在以下几方面不足。

① 受卫星状况限制。

GNSS 系统的总体设计方案是在 1973 年完成的，受当时的技术限制，总体设计方案自身存在很多不足。随着时间的推移和用户要求的日益提高，GNSS 卫星的空间组成和卫星信号强度都不能满足当前的需要，当卫星系统位置对美国是最佳的时候，世界上有些国家在某一确定的时间段仍然不能很好地被卫星所覆盖。例如在中、低纬度地区每天总有两次盲区，每次 20 ~ 30 min，盲区时卫星几何图形结构强度低，RTK 测量很难得到固定解。同时由于信号强度较弱，对空遮挡比较严重的地方，GNSS 无法正常应用。

② 受电离层影响。

白天中午，受电离层干扰大，共用卫星数少，因而初始化时间长甚至不能初始化，也就无法进行测量。根据我们的实际经验，每天中午 12—13 时，RTK 测量很难得到固定解。

③ 受数据链电台传输距离影响。

数据链电台信号在传输过程中易受外界环境影响，如高大山体、建筑物和各种高频信号源的干扰，在传输过程中衰减严重，严重影响外业精度和作业半径。另外，当 RTK 作业半径超过一定距离时，测量结果误差超限，所以 RTK 的实际作业有效半径比其标称半径要小，工程实践和专门研究都证明了这一点。

④ 受对空通视环境影响。

在山区、林区、城镇密楼区等地作业时，GNSS 卫星信号被阻挡机会较多，信号强度低，卫星空间结构差，容易造成失锁，重新初始化困难甚至无法完成初始化，影响正常作业。

⑤ 不能达到 100% 的可靠度。

RTK 确定整周模糊度的可靠性为 95% ~ 99%，在稳定性方面不及全站仪，这是由于 RTK 较容易受卫星状况、天气状况、数据链传输状况影响的缘故。

1．任务考核

表 1-6　任务 1-3 考核

考核内容			考核评分		
项 目	内　容		配分	得分	批注
工作准备（30%）	能够正确理解工作任务 1-3 内容、范围		10		
	能够查阅和理解技术手册		5		
	准备好实训所需要的仪器设备		5		
	查阅并了解仪器相关操作		5		
	确认设备，检查其是否安全及正常工作		5		
实施程序（50%）	熟悉全站仪的基本操作		20		
	熟悉 RTK 的基本操作		10		
	正确选用仪器进行规范操作，完成测量		10		
	安全无事故并在规定时间内完成任务		10		
课后（20%）	熟悉全站仪坐标数据采集流程		10		
	导出数据到电脑		5		
	按照工作程序，填写完成作业单		5		
考核评语	考核人员：　　　　日期：　　　年　月　日		考核成绩		

2．任务评价

表 1-7　任务 1-3 评价

评价项目	评价内容	评价成绩	备注
工作准备	任务领会、资讯查询、器材准备	□A □B □C □D □E	
知识储备	基本思想、基本过程、基本方法	□A □B □C □D □E	
计划决策	任务分析、任务流程、实施方案	□A □B □C □D □E	
任务实施	专业能力、沟通能力、实施结果	□A □B □C □D □E	
职业道德	纪律素养、安全卫生、器材维护	□A □B □C □D □E	
其他评价			
导师签字：		日期：　　　　年　月　日	

注：在选项"□"里打"√"，其中 A 为 90～100 分；B 为 80～89 分；C 为 70～79 分；D 为 60～69 分；
　　E 为不合格。

任务 1-4　数字测图的软件

 任务目标

安装 AutoCAD 和 SouthMap 软件。

 任务描述

南方地理信息数据成图软件 SouthMap（图 1-14）是通过南方测绘 20 余年软件研发经验，基于 AutoCAD 和国产 CAD 平台，集数据采集、编辑、成图、质检等功能于一体的成图软件，主要用于大比例尺地形图绘制、三维测图、点云绘图、日常地籍测绘、工程土石方计算等领域。

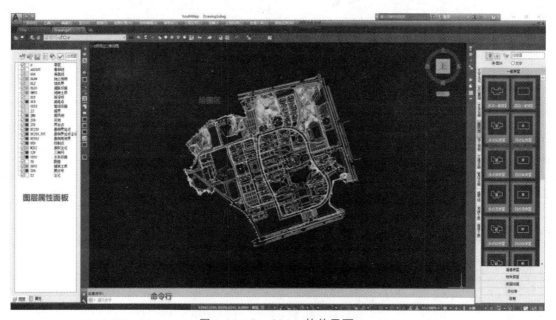

图 1-14　SouthMap 软件界面

 任务分析

SouthMap 支持多个图形平台，支持主流图形平台 AutoCAD 2008～2020 版，兼容国产图形平台中望 CAD 2018～2021 版，兼容国产图形平台浩辰 CAD 2020 版。同时 SouthMap 携手中望 CAD 2022 打造免平台版，免 CAD 平台安装，继承了中望 CAD 的高效率、全兼容、运行稳定等优秀特性。

本次基于 AutoCAD 2020 介绍 SouthMap 安装，因此本次任务分两步介绍，第一步是 AutoCAD 2020 的安装，第二步是 SouthMap 的安装。

1. 材料准备

SouthMap 软件安装需要准备好计算机、AutoCAD 软件、SouthMap 软件等软件、硬件设备和材料，如表 1-8 所示。

表 1-8　任务 1-4 设备及材料清单

序 号	元件名称	规 格	数 量
1	计算机	台式电脑或笔记本电脑	1 台
2	AutoCAD	AutoCAD 适配软件	1 套
3	SouthMap	SouthMap 适配软件	1 套

2. 注意事项

（1）作业前请检查计算机系统为 Windows 7 及以上。
（2）检查 AutoCAD、SouthMap 相适配的软件安装包。
（3）获得软件授权使用许可（或先体验试用版）。

1. AutoCAD 2020 的安装

（1）选中软件压缩包，鼠标右击选择"解压"。点击右侧的"更改"可以改软件解压位置，不懂就保持默认就好，点击确认，然后等待解压完成，如图 1-15 所示。

图 1-15　解　压

（2）解压完成后自动进入安装界面，点击"安装"，随后检查安装要求，等待一下，如图 1-16 所示。

图 1-16   安   装

（3）选择软件安装位置，完成安装，如图 1-17 所示。

注意：如果 C 盘是机械硬盘，且空间小，那么将盘符"C"直接更改为 D，然后点击"安装"；如果 C 盘是固态硬盘，且空间够大，直接点击"安装"就行；这样可以提升软件运行速度。

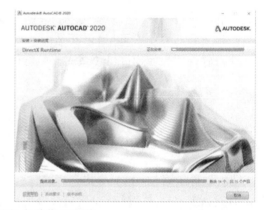

图 1-17   选择安装位置安装

（4）软件激活，点击立即启动，并输入序列号，如图 1-18 所示。

图 1-18   启动激活

（5）输入序列号和产品密钥，完成激活，如图 1-19 所示。

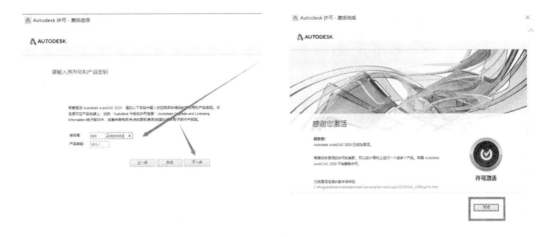

图 1-19　输入序列号

（6）打开界面（图 1-20）。

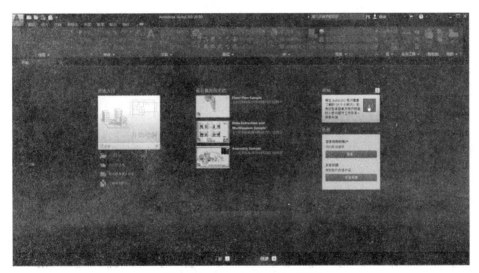

图 1-20　AutoCAD 2020 界面

注意事项：本节以 AutoCAD 2020 安装为例讲解 CAD 安装方法，但其实各类 CAD 软件安装激活的原理是一样的，希望大家能够举一反三。

2. CAD 软件 SouthMap 安装

本任务以 64 位 AutoCAD 2017 版本为例，介绍 SouthMap 安装步骤。

（1）双击 SouthMap 软件安装包，弹出 SouthMap 安装向导窗口，如图 1-21 所示。建议在继续之前关闭其他所有程序。

图 1-21　进入安装向导

（2）点击"下一步"进入选择 CAD 版本窗口，程序自动检测系统已有适用 CAD，选择自己想适用的版本进行安装，并选择安装位置，如图 1-22 所示。

图 1-22　选择 CAD 安装位置

（3）点击"下一步"，在安装准备窗口点击"确定"，进行程序安装，如图 1-23 所示。

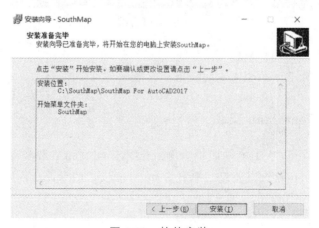

图 1-23　软件安装

（4）安装完成窗口，勾选"软件狗驱动"，安装"软件狗"所需驱动。点击"结束"，完成程序安装，如图1-24所示。

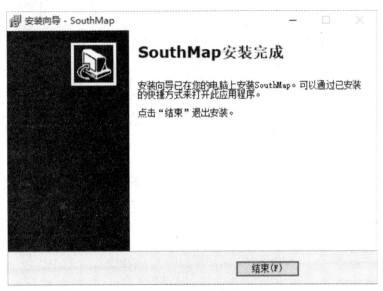

图1-24 安装完成

（5）安装"软件狗"驱动（深思用户许可工具）。右键点击运行程序，选择以管理员身份运行，打开加密狗安装向导；点击上图中的自定义选项按钮，设置加密狗驱动的安装路径，如图1-25所示。

图1-25 确定安装位置

（6）点击立即安装按钮，安装"软件狗"驱动程序。安装完成后，点击立即体验（图1-26）按钮，打开深思用户许可工具（图1-27）。

图 1-26　安装完成提示

　　若使用硬件软件狗，直接在本机电脑插上"软件狗"即可；若使用云锁加密，则需点击上图红框内的"｜"，输入云账户的用户名和密码登录云锁。

图 1-27　打开深思用户许可工具

　　（7）软件启动。运行 SouthMap.exe 文件即可启动程序，或者通过桌面快捷方式或开始菜单等启动。

技术知识

SouthMap 软件主要有以下几个特点：

（1）操作简单、功能丰富。

操作界面简单方便、整饰功能强大，绘制时具备自动保存功能。软件操作界面基本按操作流程划分，简单方便。既可使用传统的下拉式菜单，也可使用最新的面板式菜单。所有常用功能提供快捷按钮。任何操作过程在命令行内均有提示；功能丰富，主要功能有地形图绘制、地籍图绘制、工程应用、入库检查、城市部件和土地详查等。

（2）特殊地物批量处理。

有规律的地物、地貌能实现自动化功能，批量处理。如路灯、井盖、等高线等。有规律分布的独立地物，如路灯、井盖等，可沿直线或者曲线等分内插，也可按指定距离在线上分布；填充类符号，如稻田、菜地。均可在新绘制区域，已有封闭区域，或者单线上进行填充；等高线的绘制，可通过建立 DTM，批量或者单根绘制，也提供手工绘制的方法。

（3）图形实体检查。

能够实现图面自动查错功能，自动检测一些逻辑错误，并提示用户修改。软件提供图形实体检查工具，可检查的内容包括：编码正确性、属性完整性、图层正确性、符号线型线宽、线自相交、高程注记、建筑物注记、复合线重复点、高线检查、复合线检查等。检查完毕，会输出检查列表，双击可定位到错误的图上位置。列表中，详细描述了错误类型，用户可根据提示进行修改。检查条件可用户自定义，检查结果信息能输出导入。

（4）图形实体分类统计。

能按范围对地形图中的地物、地貌进行分类统计。如：草地、耕地、建筑房屋的总面积，有多少栋 6 层、8 层、20 层建筑物等。软件提供专有分类统计工具，对统计内容进行设置，就可以在指定封闭的统计范围内，得到分类统计的结果，并以报表的和提示框两种形式输出。

（5）支持多种格式参考文件。

软件支持 DWG、DGN、MIF、XLS、WORD、JPEG、JPG 等多种格式的文件及航摄像片等参考文件，同时能快速参考、快速参考关闭、快速合并。DGN 和 MIF 格式文件，提供转入接口。XLS、WORD、JPEG、JPG 等参考文件，可直接通过参考文件接口插入软件绘图环境，放入专有图层，能快速参考、合并或关闭。

（6）丰富的数据输入输出接口。

① 数据输入：主流型号的全站仪采集的数据，均有输入接口。型号较特别的全站仪，采集的数据也提供转换接口；主流型号 GPS 采集的数据，配备转换接口，南方 GPS 采集的数据可直接导入；手工输入观测数据，是否带有控制点，均可进行转换生成标准数据文件。

② 数据输出：经过编辑和检查的数据，可以通过图幅整饰打印输出；可以输出常见的 GIS 数据格式（shp 和 mif/mid 等）；也可输出明码交换文件格式（cas）。

（7）支持多种测量外业数据的处理。

常见的集中外业测量模式：草图法、编码法、电子平板、掌上平板等，均提供对应的内业成图模式。

（8）方便实在的属性面板。

为用户提供方便而实用的属性面板，可以快速查询当前图形上有多少图形实体，其编码、图层、颜色、位置、属性字段等信息能一目了然。

（9）兼容多种软件生成的数据。

对于由山维、开思、瑞得、威远图、Microstation、MapGIS 等常见软件生成的数据，均提供导入接口。由其他软件生成的 dwg 格式数据文件，提供一个丰富的转换接口，可自定义将图层、字体、颜色、线型、图块等信息，与 SouthMap 进行转换导入。

1. 任务考核

表 1-9　任务 1-4 考核

考核内容			考核评分		
项目	内　容	配分	得分	批注	
工作 准备 （35%）	能够正确理解工作任务 1-4 内容、范围及工作指令	10			
	能够查阅和理解相关资料，确认 CAD\ SouthMap 适配版本	5			
	成功安装 CAD 软件	10			
	确认设备及软件，检查其是正常工作	10			
实施 程序 （45%）	正确下载 SouthMap 软件包	10			
	成功安装 SouthMap 软件，并能正常运行	15			
	正确选用工具进行规范操作，完成软件安装、测试	10			
	安全无事故并在规定时间内完成任务	10			
课后 （20%）	熟悉 SouthMap 界面、功能介绍	5			
	查阅资料了解 SouthMap 的基本操作	10			
	按照工作程序，填写完成作业单	5			
考核 评语	考核人员：　　　　　日期：　　年 月 日	考核 成绩			

2. 任务评价

表 1-10　任务 1-4 评价

评价项目	评价内容	评价成绩	备注
工作准备	任务领会、资讯查询、器材准备	□A □B □C □D □E	
知识储备	系统认知、技术参数	□A □B □C □D □E	
计划决策	任务分析、任务流程、实施方案	□A □B □C □D □E	
任务实施	专业能力、沟通能力、实施结果	□A □B □C □D □E	
职业道德	纪律素养、安全卫生、器材维护	□A □B □C □D □E	
其他评价			
导师签字：　　　　　　　　　　　　　　　　　日期：　　　　年 月 日			

注：在选项"□"里打"√"，其中 A 为 90~100 分；B 为 80~89 分；C 为 70~79 分；D 为 60~69 分；
　　E 为不合格。

项目小结

本项目以大比例尺数字测图为主线，贯穿了数字测图的基本概念、基本知识和基本方法。目前，数字测图技术已经取代了传统的地形图测图方法，地面数字测图已经成为获取大比例尺数字地形图、各类地理信息系统建库以及为保持其现势性所进行的空间数据采集的主要方法，其作业过程有数据采集、数据处理和数据输出三个基本阶段。

通过学习，学生应了解数字测图系统的硬件和软件。在数字测图硬件系统方面，应该掌握全站仪、GNSS-RTK 等仪器的主要特点、基本构成及操作方法；在数字测图的软件系统方面，应该熟悉 CAD、南方 SouthMap 软件的安装方法、界面和基本功能，为今后深入学习数字测图打下了良好的基础。

项目评价

在本项目教学和实施过程中，教师和学生可以根据以下项目考核评价表对各项任务进行考核评价。考核主要针对学生在技术知识、任务实施（技能情况）、拓展任务（实战训练）的掌握程度和完成效果进行评价。

表 1-11　项目 1 评价

工作任务	评价内容									
	技术知识		任务实施		拓展任务		完成效果		总体评价	
	个人评价	教师评价	个人评价	教师评价	个人评价	教师评价	个人评价	教师评价	个人评价	教师评价
任务 1-1										
任务 1-2										
任务 1-3										
任务 1-4										
存在问题与解决办法（应对策略）										
学习心得与体会分享										

实训与讨论

一、实训题

1. 在计算机上安装并配置好 CAD 和 SouthMap 软件。

2. 熟悉全站仪和 RTK 的结构组成及基本操作。

二、讨论题

1. 如何利用全站仪进行坐标数据采集？

2. SouthMap 软件具有哪些基本功能？

项目 2　数字测图的准备工作

知识目标

- 了解数字测图技术设计书的编写要求。
- 掌握图根控制测量技术要求。

技能目标

- 能够使用全站仪进行图根导线测量。
- 能够使用平差易进行导线平差计算。
- 能够使用 GNSS-RTK 进行图根控制测量。

素质目标

- 培养艰苦奋斗、吃苦耐劳精神。
- 培养精益求精的工匠精神。
- 培养集体意识和团队合作精神。

工作任务

- 任务 2-1　数字测图技术设计
- 任务 2-2　全站仪图根导线测量
- 任务 2-3　GNSS-RTK 图根控制测量

任务 2-1 数字测图技术设计

任务要求

任务目标

编写大比例尺数字测图技术设计书。

任务描述

技术设计是根据测量任务的内容和要求,结合测区的自然地理条件和本单位的仪器设备、技术力量及资金等情况,制订在技术上可行、合理、高效的技术方案、作业方法和实施计划,最后将其写成技术设计书的全过程。

任务分析

技术设计书是各具体作业人员进行作业和质检人员进行质量检查的技术依据。一般的测绘项目都要编写技术设计书,微小的项目可以不写,以简洁的技术指导书代替。

工作准备

1. 资料准备

编写技术设计书需要根据任务书要求、有关的规范、测区的测量环境、收集到的测量资料以及本单位的仪器设备和技术力量情况综合分析,资料与准备是否充分直接关系到技术设计的准确性。设备与资料清单见表2-1。

表 2-1 任务 2-1 设备与资料清单

序号	资料名称	要求	数量
1	计算机	具备文字编辑功能	1 台
2	测量任务书		1 份
3	规范	与项目相关的国家规范、行业标准等	若干
4	测区资料	自然地理环境等资料	若干
5	收集的测量资料	与项目相关的控制点坐标、地形图等	若干
6	本单位仪器设备与技术力量	统计能够参与项目的仪器设备和人员情况	

2．注意事项

（1）技术设计书必须要由项目负责人或经验丰富技术人员编写。

（2）检查各种资料是否齐全。

任务实施

1．概　述

概述包括任务来源、内容和目标、作业区域和行政隶属、任务量项目承担单位、完成期限和成果接收单位等。

2．测区自然地理概况

测区自然地理概况包括作业区与测量相关的居民地、交通、地形、地质、植被、水文、气候等情况。

3．已有的资料利用情况

需对收集的既有资料加以分析，包括等级、数量、形式、精度、现有图的比例尺、等高距、施测单位和采用的规范、平面和高程系统等；并说明对拟利用资料的检测方法和要求，对其主要质量情况进行分析和评价，说明利用已有资料的可能性和利用方案。

4．测量作业依据

测量作业依据包括任务文件及合同书、国家和行业的技术规范、经上级部门批准的有关部门制订的适合本地区的一些技术规定。这些文件一经引用，便构成设计书设计内容的一部分。

5．成果主要技术指标和规格

成果主要技术指标和规格包括成果的种类及形式、坐标系统、高程基准、比例尺、等高距、投影分带、分幅编号、数据格式、数据精度等。

6．详细设计方案

1）资源配置

资源配置指计划投入本项目的人力、软件、仪器设备配置及要求。测量仪器必须经过检校合格，软件必须经过有关部门批准使用。

2）详细的技术路线、流程及相应的各项精度指标

（1）平面控制网。

① 根据测区的综合情况，选择平面控制网的等级及布设层次。范围大的测区要分首级GPS 网，一、二级导线网，范围小的测区一次布网即可。

② 根据项目的费用、用户的要求、规范以及测区的情况布设控制网的密度，方便后期地形图测量等具体工作的开展。

③ 控制点的标志类型及埋设要求。

④ 平面控制网的施测方法、平差计算方法及各项主要限差和精度指标。

（2）高程控制网。

① 根据测区的综合情况,选择高程控制网的布设层次。范围大的测区要布设骨架水准网，然后在骨架网的基础上布设下级水准路线，范围小的测区一次布网即可。对特殊要求需要联测水准的控制点要特别说明。

② 高程控制网的观测及平差计算要求。

（3）地形图及其他专项测量。

① 不同行业对地形图测量及其他专项测量有不同的要求,要结合测量的任务要求和规范合理制定作业方法。

② 数字测图的方案应该对数据采集方法、数据处理、图形处理、成果输出等作出明确具体要求。

7. 质量保证措施及要求

（1）组织管理措施：规定项目实施的组织管理及主要人员的职责。

（2）质量控制措施：规定生产中的质量控制环节和产品质量检查、验收的具体要求。

（3）数据安全措施：规定数据安全和备份方面的要求。

8. 计划工作量、作业进度计划和经费预算

（1）计划工作量包括平面控制点等级及点数、高程控制测量工作量、地形图比例尺和面积以及其他工作量。

（2）作业进度计划是根据统计的工作量和计划投入的生产实力，参照有关的生产定额，分别列出总体进度计划和各工序的衔接计划。

（3）经费预算是根据设计方案和进度安排，参照有关生产定额和成本定额，编制分期经费计划，并作必要的说明。

9. 上交和归档成果及其资料的内容和要求

应对上交和归档成果及其资料的内容、要求和数量，以及有关文档资料的类型、数量等进行规定。

10. 附图及其他资料

附图及其他资料包括进一步说明的技术要求，有关的设计附图、附表等资料。

技术知识

1. 技术设计的依据

（1）测量任务书。

测量任务书是测量实施单位上级主管部门下达的文件或与合同甲方签订的合同书，包含了工程项目的测量目的、测区范围及工作量、对测量工作的主要要求、上交资料的种类、工期要求等技术要求。

（2）有关的规范。

编写内容格式按照《测绘技术设计规定》（CH/T 1004—2005）编写，具体方面根据测量任务内容选择相应的国家和行业具体规范。在制图方面主要参照图式《1：500 1：1000 1：2000 地形图图式》（GB/T 20257.1—2007），并在此基础上根据任务要求增加适当内容。

（3）测区的测量环境以及收集到的测量资料。

在编写技术设计书前，应该对测区进行实地踏勘，掌握测区的居民地、交通、地质、植被、水文、气候等环境情况；收集测区或附近的控制点、各种图件资料，为制定技术方案提供参考。

（4）本单位的仪器设备、技术力量。

编写技术设计书，应该以本单位的仪器设备、技术力量能达到要求为前提条件，不可脱离本单位实际情况，制定不可行的技术设计。

2. 技术设计的基本原则

（1）先整体后局部，且顾及发展；满足用户的要求，重视社会效益。

（2）从测区的实际情况出发，考虑人员素质和设备情况，选择最佳作业方案。

（3）充分利用已有的测绘成果和资料。

（4）尽量采用新技术、新方法和新工艺。

（5）当测区面积较大、内容较多时，可以分区、分内容进行设计。

3. 技术设计书的要求

（1）内容明确、文字简练。对项目的主要的作业内容重点写，其他可以简单一点。

（2）采用新技术、新方法和新工艺时，要对其可行性及能到达的精度进行充分的论证。

（3）技术设计书中使用的名词、术语、公式、符号、代号和计量单位，应与有关规范和标准一致。

1. 任务考核

表 2-2　任务 2-1 考核

考核内容			考核评分		
项目	内　容	配分	得分	批注	
工作准备（40%）	能够正确理解工作任务 2-1 内容、步骤	10			
	准备测量任务书和项目相关的规范	10			
	收集测量环境资料以及项目相关测量资料	10			
	确认本单位能够参与的技术人员和设备情况	10			
技术设计书的编写（60%）	项目概况和测区自然地理概况	10			
	收集到的测量资料、测量作业依据、成果技术指标	10			
	详细设计方案：包括控制测量部分、数据采集部分和数据处理部分。	20			
	质量保证措施、计划工作量、作业进度计划和经费预算情况	10			
	提交的成果资料	10			
考核评语	考核人员：　　　　　日期：　　　年　月　日	考核成绩			

2. 任务评价

表 2-3　任务 2-1 评价

评价项目	评价内容	评价成绩	备注
工作准备	任务领会、资讯查询、器材准备	□A □B □C □D □E	
知识储备	系统认知、原理分析、技术参数	□A □B □C □D □E	
计划决策	任务分析、任务流程、实施方案	□A □B □C □D □E	
任务实施	专业能力、沟通能力、实施结果	□A □B □C □D □E	
职业道德	纪律素养、安全卫生、器材维护	□A □B □C □D □E	
其他评价			
导师签字：　　　　　　　　　　　　　　日期：　　　　年　月　日			

注：在选项"□"里打"√"，其中 A 为 90～100 分；B 为 80～89 分；C 为 70～79 分；D 为 60～69 分；
　　E 为不合格。

任务 2-2　全站仪图根导线测量

 任务目标

使用全站仪等测量工具（图 2-1）完成图根导线测量。

全站仪　　　　棱镜　　　　脚架

图 2-1　全站仪图根导线测量工具

 任务描述

高等级控制点的密度不可能满足大比例尺测图的需要，这时应布设适当数量的图根控制点，又称图根点，直接供测图使用。图根控制网的布设，是在各等级控制点下进行加密。图根平面控制测量和高程控制测量可同时进行，图根点相对于邻近等级控制点的点位中误差不应大于图上 0.1 mm，高程中误差不应大于基本等高距的 1/10。

 任务分析

图根点为满足测图的需要，应选在土质稳定、便于设站并且尽量能多测量碎部点的地方。图根点宜采用临时标志，当图根点作为首级控制或测区高级控制点稀少时，应适当埋设标石。全站仪图根导线测量可以同时进行平面控制测量和三角高程测量。

根据《1：500　1：1 000　1：2000 外业数字测图规程》，一般地区图根控制点的数量，不宜少于表 2-4 的规定。

表 2-4　一般地区图根控制点数量

测图比例尺	1：500	1：1000	1：2000
图根点的密度/（点数/km^2）	64	16	4

1．仪器工具准备

图根平面控制测量常用全站仪图根导线和 RTK 图根测量的方法，其中全站仪图根导线测量需要使用 6″以上精度全站仪、脚架、棱镜、对中杆、小钢尺、木桩（测钉）、记录板、记录纸和安装有测量平差软件的电脑 1 台等，具体工具清单见表 2-5。

表 2-5　全站仪图根导线测量仪器工具清单

序号	仪器工具名称	规　格	数　量
1	全站仪	6″以上精度	1 台
2	脚架	木质或铝合金	3 个
3	棱镜	带觇牌基座	2 个
4	记录板、纸、测钉等	导线观测记录纸	若干
5	电脑	安装有测量平差软件	1 台

2．注意事项

（1）作业前请检查全站仪规格和电量。
（2）检查各种仪器、工具是否齐全。
（3）作业时要穿好反光衣，注意交通安全。

1．图根点布设

根据测区地形和已知高等级控制点来布设图根控制点，图根导线常采用附合导线、闭合导线（图 2-2）的形式，在观测条件比较差的地区可以布设成支导线形式。在水泥地面可以打入测钉，在土质松软地面要先打入木桩，然后在木桩上打入测钉，应确保相邻导线点两两通视，相邻点之间的距离根据测图比例尺确定。导线点选在道路上时，要尽量选在道路两边，以免妨碍交通。

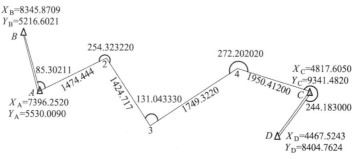

图 2-2　附合导线点位布设

2. 导线测量

（1）在已知点 A 安置仪器，在已知点 B 和导线点 2 安置棱镜，完成对中整平工作，仪器和棱镜的对中偏差不应超过 2 mm。观测前后各量 1 次仪器高和棱镜高，取平均值记录在记录纸上。

（2）角度测量。水平角观测宜采用方向观测法，按照线路前进方向测量左角。如果采用 2″全站仪，只需观测 1 个测回，采用 6″全站仪，需要观测 2 个测回。垂直角观测应采用 2″全站仪，观测 2 个测回，指标差和测回较差均不能超过 10″。全站仪显示，如图 2-3 所示。

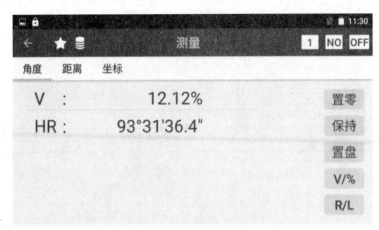

图 2-3　全站仪角度测量

（3）距离测量。图根导线的边长应采用测距仪单向施测一测回。一测回进行二次读数，其读数较差应小于 20 mm。全站仪显示如图 2-4 所示。

图 2-4　全站仪距离测量

3. 图根导线平差计算

图根导线平差可采用近似平差。计算时，角度应取至秒，边长和坐标应取至厘米，计算结果取至厘米。

导线平差计算软件很多，尽管各软件界面不一样，但计算思想是一致的，下面以南方平差易为例介绍图根导线平差计算的作业步骤。

以图 2-2 附合导线为例，A、B、C 和 D 是已知坐标点，2、3 和 4 是待测的控制点。原始平面控制测量数据如表 2-6。

表 2-6　导线原始数据

测站点	角度（°′″）	距离/m	X/m	Y/m
B			8 345.870 9	5 216.602 1
A	85.302 11	1 474.444 0	7 396.252 0	5 530.009 0
2	254.323 22	1 424.717 0		
3	131.043 33	1 749.322 0		
4	272.202 02	1 950.412 0		
C	244.183 00		4 817.605 0	9 341.482 0
D			4 467.524 3	8 404.762 4

（1）在平差易软件中输入以上数据，如图 2-5 所示。

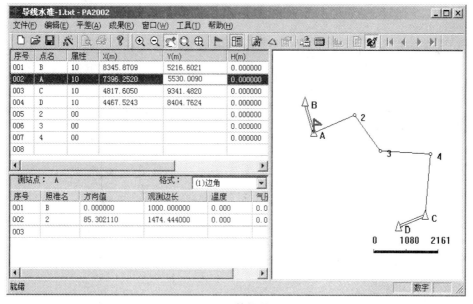

图 2-5　数据录入

（2）设置计算方案。设置平差计算的一系列参数，包括平面网等级、验前单位权中误差、测距仪固定误差、测距仪比例误差等，如图 2-6 所示。该向导将自动调入平差数据文件中计算方案的设置参数，如果数据文件中没有该参数则此对话框为默认参数（2.5、5、5），同时也可对该参数进行编辑和修改，向导处理完后该参数将自动保存在平差数据文件中。

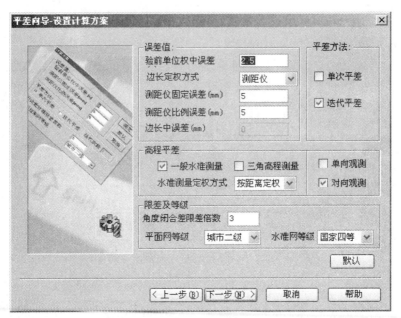

图 2-6 计算方案设置

（3）平差计算。概算是对观测值的改化包括边长、方向和高程的改正等。当需要概算时就在"概算"前打"✓"，然后选择需要概算的内容。点击"完成"则整个向导的数据处理完毕，如图 2-7。随后就回到南方平差易的界面，在此界面中就可查看该数据的平差报告以及打印和输出。

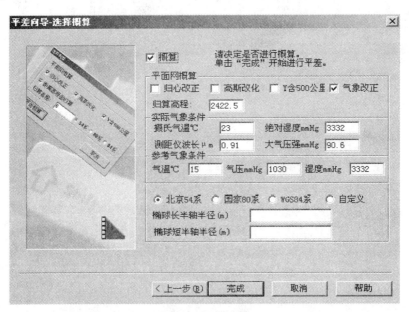

图 2-7 平差计算

水准测量和三角高程平差计算与导线平差计算过程相同，只不过在"计算方案"中要选择"一般水准"或"三角高程"。"一般水准"所需要输入的观测数据为观测边长和高差；"三角高程"所需要输入的观测数据为观测边长、垂直角、站标高和仪器高。最后选择相应的等级，进行平差计算即可。

1. 导线测量的主要技术要求

（1）图根导线测量的主要技术要求，应符合表 2-7 的规定。

表 2-7　各等级导线测量技术指标

附合导线长度/m	平均边长/m	相对闭合差	测角中误差（″）		测回数	方位角闭合差（″）	
			一般	首级控制		一般	首级控制
1：500	900	80					
1：1000	1800	150	1/4000	±30	±20	1	$\pm 60\sqrt{n}$	$\pm 12\sqrt{n}$
1：2000	3000	250					

注：n 为测站数。

（2）测图时附合导线长度不应超过表 2-7 的规定值，且附合导线边数不宜超过 15 条，绝对闭合差不应大于 $0.5 \times M \times 10^{-3}$（m）；导线长度短于表 2-7 规定的 1/3 时，其绝对闭合差不应大于 $0.3 \times M \times 10^{-3}$（m）。

（M 为成图比例尺分母）

（3）当图根导线布设成支导线时，支导线的长度不应超过表 2-7 中规定长度的 1/2，最大边长不应超过表 2-7 中平均边长的 2 倍，边数不宜多于 3 条。水平角应使用精度不低于 6″级的测角仪器施测左、右角各一测回，其圆周角闭合差不应大于 ±40″。边长采用测距仪单向施测一测回。

2. 图根水准测量

图根水准可沿图根点布设为附合路线、闭合路线或结点网，按中丝读数法单程观测。图根水准测量应起讫于不低于四等精度的高程控制点上，其技术要求按照表 2-8 规定执行。

当水准路线布设成支线时，应采用往返观测，前后视距宜相等，其路线长度不应大于 2.5 km。当水准路线组成单结点时，各段路线的长度不应大于 3.7 km。

表 2-8　图根水准测量技术要求

仪器类型	附合路线长度/km	i 角(″)	视线长度/m	观测次数		往返测较差、附合或环线闭合差/mm	
				与已知点联测	附合或闭合线路	平地	山地
DS_{10}	≤5	≤30	≤100	往返各一次	往一次	$\pm 40\sqrt{L}$	$\pm 12\sqrt{n}$

注：L 为水准路线长度，单位为千米（km）；n 为测站数。

根据上述操作方式，再布设一条闭合导线，如图 2-8 所示，用全站仪观测、记录并完成平差计算工作。

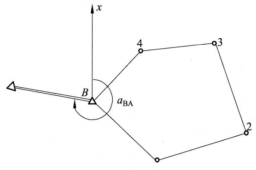

图 2-8　闭合导线示意

1. 任务考核

表 2-9 任务 2-2 考核

考核内容		考核评分		
项目	内　容	配分	得分	批注
工作准备（20%）	能够正确理解工作任务 2-2 内容、步骤	5		
	能够查阅和理解理解规范和说明书，了解导线测量的观测方法和精度要求，做好工作计划	5		
	准备工作场地和仪器设备，现场设置图根控制点	5		
	确认仪器设备和工具，检查反光衣等安全装置	5		
外业观测（40%）	在导线点安置全站仪，对中整平，量取仪器高；在相邻两个导线点安置棱镜，对中整平，量取棱镜高	5		
	按照测同法观测导线水平角、竖直角和距离，并做好记录	10		
	在测站完成计算工作，有超限马上重测，没有超限重新量取仪器高、棱镜高，并做好记录，取测前测后平均值作为最终高度	10		
	依次在所有导线点上完成上述观测步骤，完成导线外业观测工作	10		
	安全无事故并在规定时间内完成任务	5		
数据处理（40%）	整理好观测数据，打开平差软件录入数据	10		
	根据观测精度设置计算方案，检查角度闭合差是否超限，不超限继续进行，超限检查观测数据是否录入错误，录入无误则需重测	10		
	平差计算，检查坐标闭合差是否超限，不超限生成平差报告，超限检查原因并重测	10		
	打印平差报告，收集整理资料并提交	10		
考核评语	考核人员：　　　　　日期：　　　年　月　日	考核成绩		

2. 任务评价

表 2-10 任务 2-2 评价

评价项目	评价内容	评价成绩	备注
工作准备	任务领会、资讯查询、器材准备	□A □B □C □D □E	
知识储备	系统认知、原理分析、技术参数	□A □B □C □D □E	
计划决策	任务分析、任务流程、实施方案	□A □B □C □D □E	
任务实施	专业能力、沟通能力、实施结果	□A □B □C □D □E	
职业道德	纪律素养、安全卫生、器材维护	□A □B □C □D □E	
其他评价			
导师签字：　　　　　　　　　　　日期：　　　　　年　月　日			

注：在选项"□"里打"√"，其中 A 为 90~100 分；B 为 80~89 分；C 为 70~79 分；D 为 60~69 分；
　　E 为不合格。

任务 2-3 GNSS-RTK 图根控制测量

 任务目标

使用 GNSS 接收机的快速动态定位技术（RTK）来完成图根控制测量工作，如图 2-9 所示。

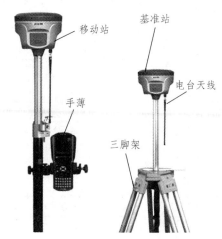

图 2-9 单基站 RTK 测量

任务描述

GNSS-RTK 技术采用了载波相位动态实时差分（Real Time Kinematic）方法，RTK 测量能够在野外实时得到 ±（1～2）cm 平面精度和 ±（2～3）cm 高程精度能够满足图根控制测量的精度要求。下面以南方 GNSS 接收机（基准站加移动站电台模式）和工程之星为例介绍单基站 GNSS-RTK 图根测量。

任务分析

RTK 测量必须在开阔地区、远离高压线和大功率无线电发射源的环境下才能得到高精度的测量数据，仪器接收到的卫星状况越好，测量得到的数据往往精度越高，越可靠。RTK 测量时，GNSS 卫星的状况应符合表 2-11 的规定。

表 2-11 GNSS 卫星状况的基本要求

观测窗口状态	15°以上的卫星个数	PDOP 值
良好	≥6	<4
可用	5	<6
不可用	<5	≥6

与全站仪导线测量相比，RTK 图根控制测量精度高、测量速度快、全天候 24 小时作业，不用考虑通视情况，但是点位必须布设在开阔地区。

1．仪器工具准备

RTK 图根测量需要使用双频 GNSS 接收机（南方银河系列）、手簿、脚架、数据线、测钉等，见如表 2-12 所示。

表 2-12　全站仪图根导线测量仪器工具清单

序 号	仪器工具名称	规 格	数 量
1	GNSS 接收机	双频	2 台
2	手簿	安装有测量软件	1 个
3	脚架、对中杆	木质或铝合金	各 1 个
4	数据线	USB 接口	1 条
5	测钉		若干

2．安全事项

（1）作业前请检查 GNSS 接收机及手簿电量。
（2）检查仪器及配件是否齐全，特别是天线等。
（3）作业时要穿反光衣，注意交通安全。

1．接收机主机设置

在架设仪器之前，应通过工程之星软件里面"配置—仪器连接"分别连接两台仪器，将两台 GNSS 接收机分别设置成基准站和移动站模式，如图 2-10 所示。

图 2-10　接收机主机设置

在设置完基准站和移动站之后，还要设置基准站和移动站的差分格式与数据链。下面以基准站设置为例进行讲述，如图 2-11 所示。

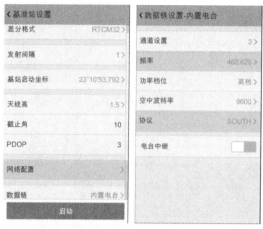

图 2-11　接收机差分格式设置

基准站与移动站的差分格式、数据发射间隔必须相同；常规 RTK 使用的数据链为电台，基准站与移动站电台通道必须相同。如果使用网络 RTK 移动站，数据链根据使用的网络信号选择 GPRS 网络或者 CDMA 网络。设置完成之后，即可得到固定解。

2. 新建工程项目

新建工程项目，如果之前已经有项目，则直接打开已有项目即可，如图 2-12 所示，选择测区坐标系统，根据情况设置投影参数。

图 2-12　新建工程项目

3. 数据文件的导入、导出和管理

对于起算点数据，可通过文件的形式导入到当前项目中，对当前项目已经测量的数据，也通过文件的形式导出项目。这些数据文件存储在手簿中，可以通过连接计算机输入和输出。数据文件的导入和导出如图 2-13 所示。

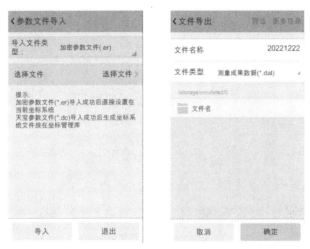

图 2-13　数据文件导入和导出

如果需要人工输入测量数据，或者需要删除不需要的数据，可以通过坐标管理库进行增加和删除，如图 2-14 所示。

图 2-14　数据管理

4. 求转换参数

RTK 测量得到的是 WGS-84 坐标，需要转换到当地坐标系的坐标中，这就需要进行坐标转换参数的计算。转换参数有三参数、四参数和七参数，根据图根控制测量的要求，应采用七参数。首先测量三个已知点 WGS-84 坐标，点击"测量—控制点测量"，分别到三个点进行测量，如图 2-15 所示。

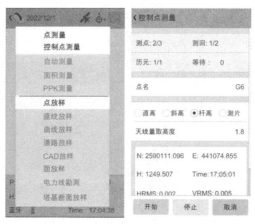

图 2-15　控制点 WGS-84 坐标测量

然后点击"输入—求转换参数",输入控制点的当地坐标和 WGS-84 坐标,如图 2-16 所示。

图 2-16　输入已知点的当地坐标和 WGS-84 坐标

当把所有的控制点的当地坐标 WGS-84 坐标后,即可进行坐标转换,转换结果符合规范的要求后则保存,应用到当前项目中。如图 2-17 所示。

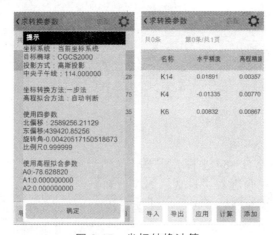

图 2-17　坐标转换计算

5. 图根控制点测量

当移动站接收机接收到基准站信号并且得到"固定解"后，即可进行测量，如图 2-18 所示。当收敛阈值满足设定的"平面不超过 2 cm，高程不超过 3 cm"、观测个数不少于 10 个观测值后自动保存该数据。当各测回差满足规范要求后即可完成控制点测量。

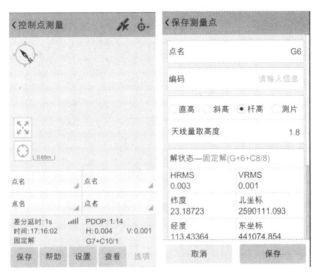

图 2-18　图根控制点测量

1. 全球卫星导航系统图根平面控制测量的基本要求

全球卫星导航系统图根平面控制测量宜采用 RTK 方法测定，测量时可采用网络 RTK 和单基准站 RTK 测量的方式，在已建立全球卫星导航系统连续运行基准站网的地区，宜采用网络 RTK 测量方式。采用 RTK 方法进行图根测量控制时，图根点平面和高程坐标测量宜同时进行。

2. 全球卫星导航系统图根高程控制测量的基本要求

全球卫星导航系统图根高程控制测量宜采用 RTK 的方法测定，图根点高程用流动站所测得该点大地高减去该点高程异常获取。流动站高程异常可采用数学拟合或区域似大地水准面精化模型内插的方法获取，也可在测区现场用点校正的方法获取。

1. 任务考核

表 2-13　任务 2-3 考核

考核内容			考核评分		
项目	内　容	配分	得分	批注
工作 准备 （30%）	能够正确理解工作任务 2-3 内容、步骤	10		
	能够查阅和理解理解规范和说明书，了解 RTK 测量的观测方法和精度要求，做好工作计划	10		
	准备工作场地和仪器设备，现场设置图根控制点	5		
	确认仪器设备和工具，检查反光衣等安全装置	5		
外业 观测 （50%）	在开阔地段架设基准站，设置好电台通道、频率等参数	10		
	设置移动站电台通道、频率等参数，连接基准站，得到固定解	10		
	找 3 个已知点，测量 WGS-84 坐标，完成之后进行点校正，求出校正参数并应用到工程	10		
	测量图根控制点，每点独立观测 2 次，误差范围内取平均值作为最终结果	10		
	安全无事故并在规定时间内完成任务	10		
数据 整理 （20%）	测量完成之后归还仪器设备	10		
	从手簿导出观测数据，整理并提交	10		
考核 评语	考核人员：　　　　日期：　　年　月　日	考核 成绩		

2. 任务评价

表 2-14　任务 2-3 评价

评价项目	评价内容	评价成绩	备注
工作准备	任务领会、资讯查询、器材准备	□A □B □C □D □E	
知识储备	系统认知、原理分析、技术参数	□A □B □C □D □E	
计划决策	任务分析、任务流程、实施方案	□A □B □C □D □E	
任务实施	专业能力、沟通能力、实施结果	□A □B □C □D □E	
职业道德	纪律素养、安全卫生、器材维护	□A □B □C □D □E	
其他评价			
导师签字：		日期：　　　年　月　日	

注：在选项"□"里打"√"，其中 A 为 90～100 分；B 为 80～89 分；C 为 70～79 分；D 为 60～69 分；
　　E 为不合格。

项目小结

　　编写测量技术设计书和图根控制测量是数字测图前要准备的最重要的工作，直接关系到测图成果的质量和效率。本章介绍了测量技术设计书编写的内容和要求，图根控制测量的要求和作业方法。项目负责人要在测量工作中根据任务的要求、测图环境、单位的技术力量等条件编写合理的技术设计书，指导作业人员进行作业；作业人员在测图前根据技术设计书和规范的要求，采用合理的方法进行图根控制测量，以取得最高的效益。

项目评价

　　在本项目教学和实施过程中，教师和学生可以根据以下项目考核评价表对各项任务进行考核评价。考核主要针对学生在技术知识、任务实施（技能情况）、拓展任务（实战训练）的掌握程度和完成效果进行评价。

表 2-15　项目 2 评价

工作任务	评价内容									
	技术知识		任务实施		拓展任务		完成效果		总体评价	
	个人评价	教师评价	个人评价	教师评价	个人评价	教师评价	个人评价	教师评价	个人评价	教师评价
任务 2-1										
任务 2-2										
任务 2-3										
存在问题与解决办法（应对策略）										
学习心得与体会分享										

实训与讨论

一、实训题

1. 编写大比例尺数字测图技术设计书

2. 全站仪图根控制测量

3. RTK 图根控制测量

二、练习题

1. 编写测图技术设计书之前要收集什么资料？如何对这些资料进行分析？

2. 如何编写校内训练场的数字化测图技术设计书？

3. 全站仪、RTK 图根控制测量对起算点分别有什么要求？在什么样的测量环境中两种方法才能发挥最高的效率？

项目 *3* 地形图外业数据采集

知识目标

- 了解全站仪数据采集原理。
- 了解地形图图式。
- 掌握地貌的表示方法。

技能目标

- 能够使用全站仪进行地物测绘。
- 能够使用 RTK 进行地物测绘。
- 掌握地貌测绘的方法。

素质目标

- 培养艰苦奋斗、吃苦耐劳精神。
- 培养精益求精的工匠精神。
- 培养安全意识、责任意识、集体意识和团队合作精神。

工作任务

- 任务 3-1 全站仪坐标数据采集及传输
- 任务 3-2 草图法地物测绘
- 任务 3-3 编码法地物测绘
- 任务 3-4 GNSS-RTK 数据采集
- 任务 3-5 地貌测绘

任务 3-1　全站仪坐标数据采集及传输

任务目标

使用全站仪完成测站设置、数据采集和传输工作，如图 3-1 所示。

图 3-1　全站仪坐标数据采集

任务描述

数字测图采用的仪器有全站仪和 GNSS-RTK。全站仪由于使用简单、方便，受外界测量环境影响小，测量数据稳定可靠，在测量的很多领域中得到广泛的应用，全站仪数据采集也是数字化测图野外数据采集最普遍的方式。

任务分析

全站仪坐标据采集的一般步骤是：设站前准备→设站→测站检查→坐标采集→测站检查→采集结束。

1. 设站前准备

主要是在全站仪输入测站点、后视点、检查点等控制点的已知坐标和高程数据。控制点比较少，可以手工输入，如果控制点比较多，则应采用计算机等工具来输入。

2. 设　站

（1）一般要求：应在图根或图根级别以上控制点设站，如果少部分碎部点该站不能采集，可适当分站。

（2）设站步骤：新建项目名→输入测站点坐标→输入仪器高→输入后视点坐标→输入棱镜高→对准后视点测量→后视点检查无误→第三点检查无误→设站完成。

（3）测站检查的目的是避免设站错误，设站错误通常有三个方面的原因：一是设站实地位置错误；二是控制点坐标输入不正确，仪器高、棱镜高输入错误；三是控制点坐标本身有误。如仅以定向点作检查，则只能检查边长是否有误，不能发现方向是否有误，因此要以第三个控制点进行检查。

3. 采集数据及检查

设站完成后，即可进行碎部点数据采集。本测站数据采集完成后，要到控制点重新检查，以检核测站在测量过程中仪器是否发生移动、故障等情况。下面以南方 NTS-342 全站仪为例来介绍全站仪数据采集的步骤。

工作准备

1. 仪器工具准备

全站仪数据采集与传输需要使用全站仪、脚架、棱镜、对中杆、小钢尺、U 盘、数据线等，如表 3-1 所示。

表 3-1　全站仪图根导线测量仪器工具清单

序　号	仪器工具名称	规　格	数　量
1	全站仪	6″以上精度	1 台
2	脚架	木质或铝合金	1 个
3	棱镜、对中杆	大小均可	1 个
4	小钢尺	3 m 或 5 m	1 把
5	U 盘或数据线	仪器自带数据线	1 个

2. 注意事项

（1）作业前请检查全站仪规格和电量。

（2）检查各种仪器、工具、测量控制点数据是否齐全。

（3）作业时要穿好反光衣，注意交通安全。

3. 全站仪的认识

（1）以南方安卓全站仪 A1 为例，主要部件名称如图 3-2 所示。

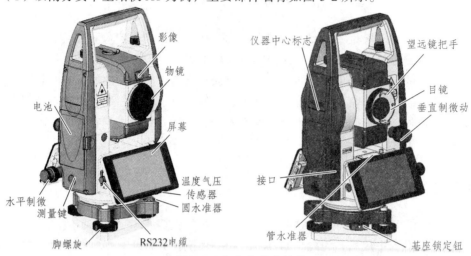

图 3-2　南方安卓全站仪 A1

（2）A1 全站仪的操作键如表 3-2 所示。

表 3-2　全站仪操作键的功能

按键	功　　能
★	快捷功能键，包含激光指示、PPM 设置、合作目标、电子气泡、测量模式、激光对点
🗄	数据功能键，包含原始数据、坐标数据、编码数据及数据图形
1	测量模式键，可设置 N 次测量、连续精测或跟踪测量
NO	合作目标键，可设置目标为反射板、棱镜或无合作
OFF	电子气泡键，可设置 X 轴、XY 轴补偿或关闭补偿
⋮	该键在不同界面有不同的功能

（3）A1 全站仪显示符号意义见表 3-3。

表 3-3　全站仪显示符号的含义

显示符号	内　容
V	垂直角
V%	垂直角（坡度显示）
HR	水平角（右角）
HL	水平角（左角）
HD	水平距离
VD	高差
SD	斜距
N	北向坐标
E	东向坐标
Z	高程
m	以米为距离单位
ft	以英尺为距离单位
dms	以度分秒为角度单位
gon	以哥恩为角度单位
mil	以密为角度单位
PSM	棱镜常数（以 mm 为单位）
PPM	大气改正值
PT	点名

任务实施

1. 全站仪坐标数据采集

1）在"项目"建立工作文件

点击"+"新建文件，如图 3-3 所示。工作文件要简单、方便记忆。全站仪每次开机都是以最近建立的项目文件为当前工作文件，如要打开其他项目，则在"打开项目"中打开。

图 3-3　新建项目

2）建　站

点击"建站"，弹出如图 3-4 菜单，点击"已知点建站"。

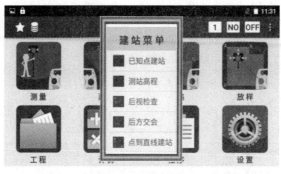

图 3-4　建　站

在图 3-5 界面输入测站点坐标、仪器高和棱镜高。通过已知点进行后视的设置，设置后视有两种方式，一种是通过已知的后视点，一种是通过已知的后视方位角。输入完成之后，照准后视点棱镜，点击"设置"完成建站。

图 3-5　已知点建站

3）后视检查

设站完成之后，进行后视检查，检查当前的角度值与设站时的方位角是否一致，如图 3-6 所示。

图 3-6　后视检查

4）采集坐标数据

点击"采集"，弹出如图 3-7 所示菜单。

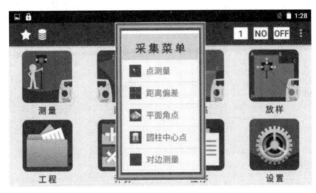

图 3-7　采　集

点击"点测量"，进入如图 3-8 所示菜单，输入点名、编码、镜高之后，照准目标，点击"测距"，即可显示测量的数据，在"测量"栏显示方位角、距离等数据，在"数据"栏显示测量的坐标数据，在"图形"栏显示测量点的图形关系。

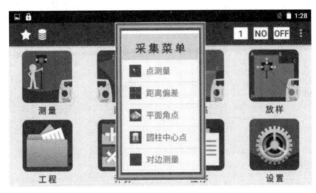

图 3-8　点测量

点击"保存"，即可保存数据。如果点名自动累加，不需要改棱镜高，则点击"测存"即可直接保存数据。

5）测站检查

采集数据结束前，重新进行后视检查，检查无误，本站采集数据结束。

2. 全站仪数据管理和传输

1）全站仪数据管理

⊚为数据功能键，包含点数据、编码数据及图形数据。点击进入数据库界面，包括输入的数据和采集的数据，均可进行查看、添加、删除、编辑等操作，如图 3-9 所示。

名称	类型	编码	HR	水平角
-[输入点]-	测站		1.000	0.000
-[输入点]-	测站		1.000	0.000
44	测站		0.000	1.245
44	测站		0.000	1.245
44	测站		0.000	1.245
44	测站		0.000	1.245

原始数据　坐标数据　编码数据　数据图形

图 3-9　数据管理

2）全站仪数据传输

要输入全站仪的控制点、测量点、放样点数据，如果数量少，可以通过手工输入和输出，但是如果数量大的话，则只能通过文件形式整体输入和输出。数据文件的输入和输出有三种方法，一是利用与仪器配套的专用传输软件传输，二是利用 CASS 等制图软件传输，三是把数据直接传输到 U 盘。利用 U 盘传输是当下比较常用的方法。

右上角┋功能键可进行清空数据、导入数据及导出数据功能，如图 3-10 所示。可根据需要自行选择导入或导出的文件路径。导出格式为*.dat、*.txt 等。

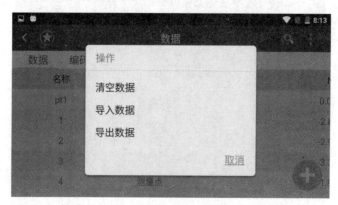

图 3-10　数据导入导出

1. 直接测量坐标——极坐标法

极坐标法是碎部测量中最常用的方法。如图 3-11 所示，Z 为测站点，P 为欲测碎步点，观测已知点 O 和 P 点之间的角度 α，得到 ZP 的方位角 OZP，加上天顶距 β、平距 D，由式（3-1）可求出 P 坐标和高程。

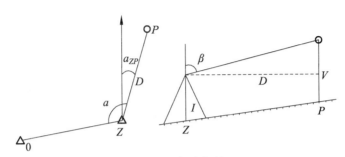

图 3-11　极坐标法

$$\left.\begin{array}{l} X_P = X_Z + D \cdot \cos\alpha_{ZP} \\ Y_P = Y_Z + D \cdot \sin\alpha_{ZP} \\ H_P = H_Z + I + \dfrac{D}{\tan\beta} - V \end{array}\right\} \tag{3-1}$$

2. 间接测量坐标法

由于通视等测量条件的限制，并不是每个碎部点都能够直接测量其坐标，而通过间接测量的方法也可以达到最终测量出碎部点坐标的目的。

1）直线延长偏心法

如图 3-12 所示，Z 为测站点，在测得 A 点坐标后，欲测定 B 点，但 Z、B 点间不通视。此时，可在地物边线方向找到 B_1 或 B_2 点作为辅助点，先用极坐标法测定其坐标，再量取 BB_1（或 BB_2）的距离 D_1（或 D_2），即可按式（3-2）求出 B 点的坐标：

$$\left.\begin{array}{l} X_B = X_{B1} + D_1 \cdot \cos\alpha_{AB1} \\ Y_B = Y_{B1} + D_1 \cdot \sin\alpha_{AB1} \end{array}\right\} \tag{3-2}$$

内业绘图时，只要以 AB_1（或 AB_2）为方向，B_1（或 B_2）为起点，延长 D_1（或缩短 D_2）即可画出 B 点。

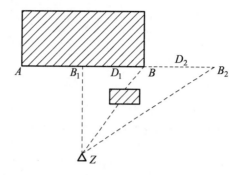

图 3-12　直线延长偏心法

2）角度偏心法

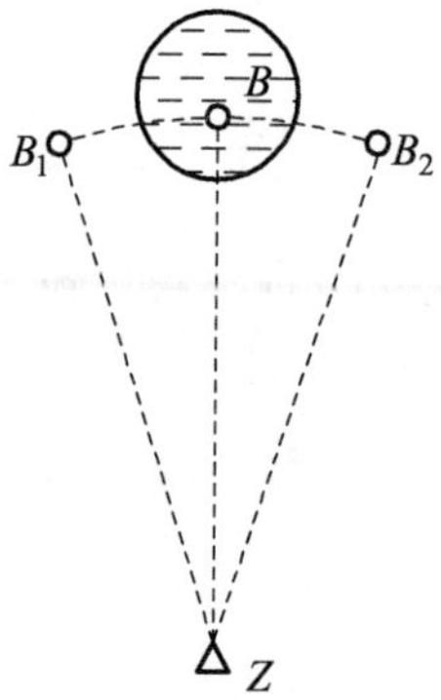

如图 3-13 所示，Z 为测站点，欲测定 B 点，由于 B 点无法达到或无法立镜，将棱镜安置在以 ZB 为半径的圆弧上的 B_1（或 B_2），先照准棱镜 B_1（或 B_2），再照准目标 B 测量方向值 α_{ZB}，即可按式（3-3）求出 B 点的坐标：

$$\left.\begin{array}{l} X_B = X_Z + D_{ZB1} \cdot \cos\alpha_{ZB} \\ Y_B = Y_Z + D_{ZB1} \cdot \sin\alpha_{ZB} \end{array}\right\} \qquad （3\text{-}3）$$

在一般全站仪都有角度偏心法测量的程序，可直接测量出 B 的坐标，在地籍、房地产测量中的房屋测量得到广泛的应用。

图 3-13　角度偏心法

3）距离交会法

如图 3-14 所示，已知碎部点 A、B，欲测碎部点 P，则可分别量取 P 点至 A、B 点的距离 D_1、D_2，即可求出 P 点的坐标。

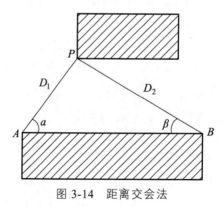

图 3-14　距离交会法

先根据已知边 D_{AB} 和 D_1、D_2 求出角 α、β：

$$\alpha = \arccos \frac{D_{AB}^2 + D_1^2 - D_2^2}{2D_{AB}D_1}$$
$$\beta = \arccos \frac{D_{AB}^2 + D_2^2 - D_1^2}{2D_{AB}D_2}$$

（3-4）

再根据式（3-5）即可求得 X_P、Y_P：

$$X_P = \frac{X_A \cot\beta + X_B \cot\alpha + (Y_B - Y_A)}{\cot\alpha + \cot\beta}$$
$$Y_P = \frac{Y_A \cot\beta + Y_B \cot\alpha + (X_B - X_A)}{\cot\alpha + \cot\beta}$$

（3-5）

内业绘图时，只要分别以 A、B 为圆心 D_1、D_2 为半径作圆弧，相交的其中一个点就是所要求的 P 点。

4）角度前方交会法

如图 3-15 所示，欲测碎部点 P，由于 P 点无法达到或无法立镜。在已知控制点 A 上，观测已知点 M 和 P 点之间的角度 α；在已知控制点 B 上，观测已知点 N 和 P 点之间的角度 β，即可求出 P 点的坐标。

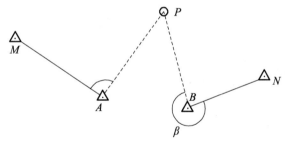

图 3-15　角度前方交会法

根据观测角求出 AP 方向方位角 $\alpha_{AP} = \alpha_{AM} + \alpha$，$BP$ 方向方位角 $\beta_{BP} = \beta_{BN} + \beta$，可按式（3-6）求出 P 点的坐标：

$$\left. \begin{array}{l} X_P = X_A + \dfrac{Y_A \cot\beta_{BP} + Y_B \cot\beta_{BP} - X_A + X_B}{\cot\alpha_{AP} + \cot\beta_{BP}} \cot\alpha_{AP} \\[3mm] Y_P = \dfrac{Y_A \cot\alpha_{AP} - Y_B \cot\beta_{BP} - X_A + X_B)}{\cot\alpha_{AP} + \cot\beta_{BP}} \end{array} \right\}$$

（3-6）

内业绘图时，只要分别以 A、B 为站点，绘出方位角为 α_{AP}、β_{BP} 的方向线，相交的点就是所要求的 P 点。

1. 任务考核

表3-4　任务3-1考核

考核内容			考核评分		
项目	内　容	配分	得分	批注	
工作准备（20%）	能够正确理解工作任务3-1内容、步骤	5			
	能够查阅和理解理解规范和说明书，掌握全站仪坐标采集的原理和方法，做好工作计划	5			
	准备工作场地和仪器设备，确保工具设备无误	5			
	现场踏勘，根据控制点资料找到图根控制点	5			
数据采集（50%）	在测站点安置全站仪，对中整平，量取仪器高；将棱镜立在后视点	10			
	打开全站仪，新建工程，在建站中输入测站点和后视点坐标数据，同时输入仪器高棱镜高	10			
	照准后视方向，点击定向，完成后视设置；将棱镜放到第三个已知点，测量坐标，检测定向准确性	10			
	将棱镜依次放在待测点，点击全站仪测存，测量并保存数据	10			
	安全无事故并在规定时间内完成任务	10			
数据管理传输（30%）	观测完成之后，在数据里面查看、编辑坐标数据	10			
	使用U盘按照格式要求传输数据	10			
	使用软件和数据线直接将数据传输至电脑	10			
考核评语	考核人员：　　　　日期：　　年　月　日	考核成绩			

2. 任务评价

表3-5　任务3-1评价

评价项目	评价内容	评价成绩	备注
工作准备	任务领会、资讯查询、器材准备	□A □B □C □D □E	
知识储备	系统认知、原理分析、技术参数	□A □B □C □D □E	
计划决策	任务分析、任务流程、实施方案	□A □B □C □D □E	
任务实施	专业能力、沟通能力、实施结果	□A □B □C □D □E	
职业道德	纪律素养、安全卫生、器材维护	□A □B □C □D □E	
其他评价			
导师签字：　　　　　　　　　日期：　　　　年　月　日			

注：在选项"□"里打"√"，其中A为90～100分；B为80～89分；C为70～79分；D为60～69分；
　　E为不合格。

任务 3-2　草图法地物测绘

任务目标

通过绘制草图（图 3-16）的方式来完成外业地物测绘。

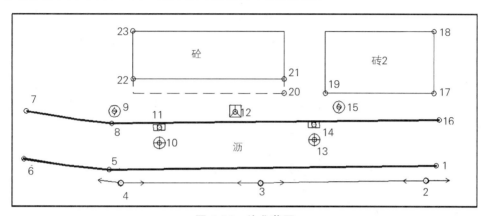

图 3-16　外业草图

任务描述

在进行数字测图野外数据采集时，全站仪记录测点的点号和坐标数据，绘图人员通过绘制工作草图，记录对应点号的测点属性以及测点间的连接关系；在绘图处理前，把测点展绘到计算机绘图软件的屏幕上，然后根据工作草图记录的信息，绘制各种地形地物，这种测量方法称为草图法。

任务分析

地物一般分两大类：一类是自然地物，如河流、湖泊、森林、草地、独立岩石等；另一类是经过人类生产活动改造了的人工地物，如房屋、电线、公路、桥梁、水渠等。所有这些固定的地物都要在地形图上表示出来。

地物特征点是反映地物形状特征的"轮廓转折点"，连接这些特征点，便得到与实地相似的地物形状。面状地物的特征点为反映地物占地范围或者水平投影范围的转折点，如房屋的各角点；线状地物的特征点为线中心的转折点，如水管线的各处转折点；独立地物的特征点则是地物的中心，如路灯柱的中心点，如图 3-17 所示。

地物特征点的选择还应参考所使用的成图软件的地物绘图方法，如一般方正的四角房屋可以测量三个角点，或者测量两个角点并量取房屋的宽度，在南方 CASS 软件中的"三点房屋"或"两点房屋"即可绘制出房屋的其他角点。

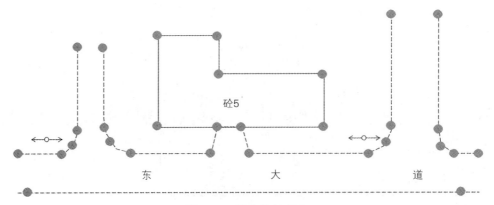

图 3-17　地物的特征点

草图法数据采集一般需要三人为一组，一名进行观测，一名进行跑尺，另一名进行草图绘制，绘图人员往往是指挥者。草图法作业简单，容易掌握，但内业绘图处理时需要不断审视草图，工作量大。观测人员与绘图人员需严格配合，避免记录的点号不一致，以免影响到其他测点。

工作准备

1．仪器工具准备

草图法地物测绘需要使用全站仪、脚架、对中杆、棱镜、记录板、白纸、小钢尺、记号笔等，具体见表 3-6。

表 3-6　草图法地物测绘仪器工具清单

序号	仪器工具名称	规　格	数　量
1	全站仪	6″以上	1 台
2	棱镜	小棱镜	1 个
3	脚架、对中杆	木质或铝合金	各 1 个
4	记录板、白纸	A4	1 个
5	小钢尺、记号笔等	2 m 以上	各 1 个

2．安全事项

（1）作业前请检查全站仪电量，带上备用电池。

（2）检查仪器及配件是否齐全，特别是小钢尺等。

（3）作业时要穿反光衣，注意交通安全。

1. 房屋及附属设施测绘

房屋及附属设施包括房屋、围墙、楼梯等，如图 3-18 所示。房屋测绘一般遵循：与地面接触的部分测量其占地范围（墙基外角），高出地面的部分测量其外围投影。并按建筑材料和性质分类，注记建筑结构和层数；房屋附属物阳台以顶板投影为准，测阳台外围两点；雨棚测量方法与阳台相同；檐廊、飘楼、架空通廊以外轮廓水平投影为准；柱廊以柱外围为准，柱子要实测。为方便后续面积计算，各房屋建筑应封闭表示。

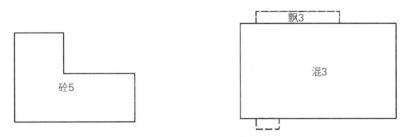

图 3-18　房屋及附属设施

房屋建筑结构分类及简注如表 3-7。

表 3-7　房屋建筑结构分类及简注

编号	分类名称	简注	注释
1	钢结构，钢、钢筋混凝土结构，钢筋混凝土结构	砼	承重的主要结构是钢材料，钢、钢筋混凝土，钢筋混凝土材料构造的
2	混合结构	混	承重的主要构件是钢筋混凝土和砖木建造的房屋
3	砖（石）木结构房屋	砖	主要承重的构件是用砖、木材建造的房屋

围墙无论是否按比例尺测绘都应测量围墙的外边，如按比例尺表示还要量出围墙实际宽度，不依比例尺围墙的符号向里表示；阶梯（楼梯）特征点为阶梯外沿转折点，如图 3-19 所示。

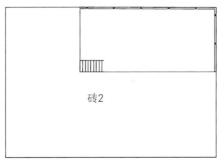

图 3-19　房屋附属物

2. 交通及附属设施测绘

（1）铁路测绘应准确表示铁轨的宽度，标准轨距为 1.435 m。铁路线上应测定轨顶的高程，曲线部分测内轨面高程。铁路两旁的附属建筑物，如信号灯、里程碑等都应按实际位置测绘。

（2）公路应实测路面边线，并测定道路中心高程。高速公路应测出两侧围建的栅栏、收费站，中央分隔带视用图需要测绘。路堤、路堑应测定坡顶、坡脚的位置和高程。

（3）桥梁应实测桥头、桥身和桥墩位置，如图 3-20 所示。桥面应测定高程，桥面上的人行道图上宽度大于 1 mm 的应实测。各种人行桥图上宽度大于 1 mm 的应实测桥面位置，不能依比例尺的，实测桥面中心线。

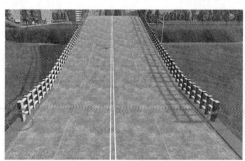

慧通桥

图 3-20　桥　梁

（4）道路拐弯处要注意是折角拐弯或是弧形拐弯，弧形拐弯的点密度适当加密，内业进行圆滑时要进行重新拉伸处理，如图 3-21 所示。

图 3-21　折线道路与曲线道路

（5）道路的附属物包括交通信号灯、路灯、指示牌、车站、路标等都应该按实际位置测绘。

3. 管线设施测绘

（1）地面管线测绘。电力线、通信线的电杆应实测，高压塔外围要准确表示。电杆上有变压器时，变压器的位置按其与电杆的相应位置绘出。当架空管道直线部分的支架密集时，可适当取舍。地面给水等管线特征点一般为管的中心，并根据需要准确注记其管径，如图 3-22 所示。

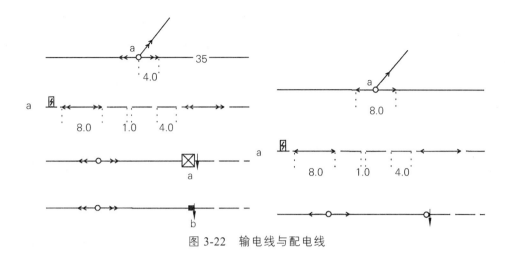

图 3-22　输电线与配电线

（2）地下管线测绘。地下管线包括地下的给水、排水（污水、雨水）、煤气、热力、电力、电信和工业等。地下管线测绘应结合管线探测仪测定地下管线的平面位置、埋深（高程）和走向。各种地下管线检修井应测定其中心位置，并用相应的符号表示，如图 3-23 所示。

图 3-23　管道检修井与管道附属设施符号

4. 植被与土质测绘

（1）植被是地面各类植物的总称，如森林、果园、耕地、苗圃等。植被的测绘主要是各种植被的边界，以地类界点绘出面积轮廓，并在其范围内配制相应的符号，如耕地、园地、草地等，如图 3-24 所示。

如果地类界与道路、河流、栅栏、田埂等重合时，则可不绘出地类界，但与境界、高压线等重合时，地类界应移位绘出。

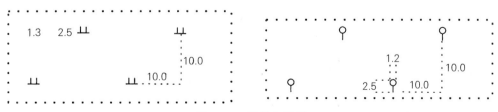

图 3-24　旱地和果园

（2）林地要准确测量外围界限，对于有特定符号表示的，在其范围内绘制相应符号，如竹林、灌木丛等；对于没有符号表示的，在范围内标注汉字表示，如图 3-25 所示。

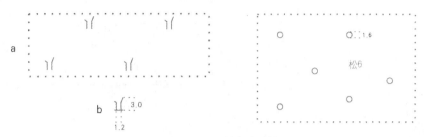

图 3-25　竹林与松林

（3）行树是指常见的有道路两边成行的树，其特征点为行树的起点、终点和中间的转折点；独立树是指有良好方位意义的或著名的单棵树，其特征点为树的中心点，如图 3-26 所示。

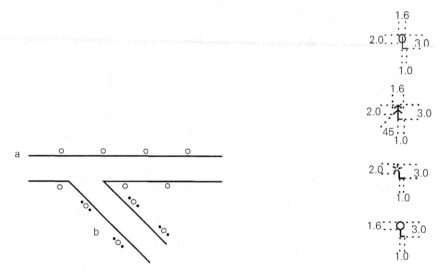

图 3-26　行树与独立树

（4）土质的表示方法和植被类似，要准确测量出土质范围，中间加注相应符号，范围线用实线表示，如图 3-27 所示。

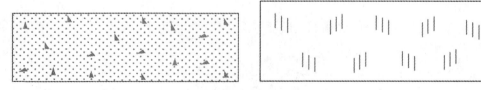

图 3-27　砂砾地和盐碱地

5. 水系设施测绘

水系设施包括河流、沟渠、湖泊、水库、海洋、水利要素及附属设施等。

（1）河流。河流测量水涯线，即水面与陆地的交界线，一般分为常水位岸线和实测岸线。当水涯线与陡坎线在图上投影距离小于 1 mm 时以陡坎符号表示，如图 3-28 所示。

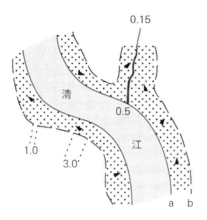

a—常水位岸线；b—高水位岸线

图 3-28　河流

（2）沟渠指人工修建的供灌溉、引水、排水的水道。图上宽度大于 0.5 mm 的用双线表示，并应注出名称注记；小于 0.5 mm 的用单线表示。每条沟渠应加注流向符号，如图 3-29 所示。

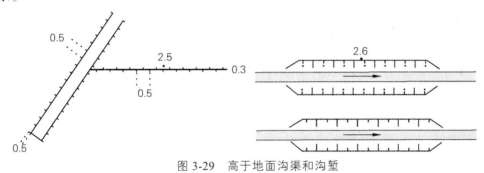

图 3-29　高于地面沟渠和沟堑

（3）湖泊的水涯线以常水位位置确定，有名称的应加注名称。池塘：池塘的水涯线沿上边沿表示，池塘边缘有堤坎、加固岸、墙等地物且与水涯线图上间隔小于 1 mm 时可省略水涯线，如图 3-30 所示。

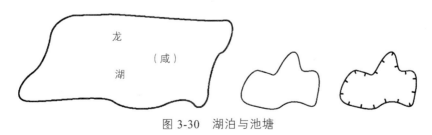

图 3-30　湖泊与池塘

（4）水库：因建造坝、闸、堤、堰等水利工程拦蓄河川径流而形成的水体及建筑物，如图 3-31 所示。

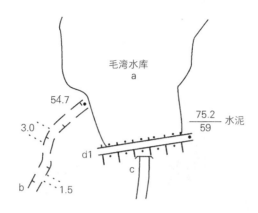

图 3-31 水库及附属设施

6. 控制点测量

图上各测量控制点符号的几何中心，表示地面上测量控制点标志的中心位置。水准点和经水准点引测的三角点、小三角点的高程，一般注至 0.001 m，以三角高程测量测定的控制点的高程一般注至 0.01 m，如图 3-32 所示。

$$\triangle \quad \frac{张湾岭}{156.718} \qquad \odot \quad \frac{\text{I}16}{84.46} \qquad \otimes \quad \frac{\text{II}京石5}{32.805}$$

$$⚠ \quad \frac{黄土岗}{203.623} \qquad ⊕ \quad \frac{\text{I}23}{94.40}$$

图 3-32 控制点符号

7. 境界测绘

境界包括国界、省界、地级界、县界、乡界、村界及其他界线等。当两级以上境界重合时，按高一级境界表示。国家内部各种境界，遇有行政隶属不明确地段，用未定界符号表示，如图 3-33 所示。

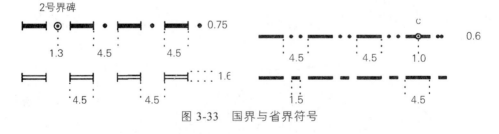

图 3-33 国界与省界符号

技术知识

1. 地形图图式

为了使地形图的测绘、编制和出版得到统一，便于交流、识读和使用地形图，国家有关部门对地形图上表示各种要素的符号、注记等进行了规范化管理,制订并颁布实施了一系列的标准。针对国家基本比例尺地形图图式,我国现行标准包含了 4 个部分,分别是 1∶500、1∶1000、1∶2000 地形图图式,1∶5000、1∶10 000 地形图图式,1∶25 000、1∶50 000、1∶100 000 地形图图式,1∶250 000、1∶500 000、1∶1 000 000 地形图图式。本文主要参照《国家基本比例尺地形图图式的 第 1 部分 1∶500、1∶1000、1∶2000 地形图图式》(GB/T 20257.1—2017)(以下简称《地形图图式》)。

《地形图图式》规定了各自相应比例尺地形图上表示各种要素的符号、注记及图幅分幅编号方法、图廓整饰要求等。它是测绘、编制和出版地形图的基本依据,也是识读和使用地形图的重要工具。《地形图图式》将构成地形图符号和注记分为 9 类,如表 3-8 所示。

表 3-8 地形图符号与注记

序号	符号与注记	简要说明
1	定位基础	数学基础和测量控制点
2	水系	河流、湖泊、水库、沟渠、海洋、水利要素及附属设施等
3	居民地及设施	居民地、工矿、农业、公共服务、名胜古迹、宗教、科学观测站、其他建筑物及附属设施等
4	交通	铁路、城际公路、城市道路、乡村道路、道路构筑物、水运、航道、空运及其附属设施等
5	管线	输电线、通讯线、各种管道及其附属设施等
6	境界	国界、省界、地级界、县界、乡界、村界及其他界限等
7	植被与土质	农林用地、城市绿地及土质等
8	地貌	等高线、高程注记点、水域等值线、水下注记点、自然地貌及人工地貌等
9	注记	地理名称注记、说明注记和各种数字注记等

按照表示内容不同,以上 9 种符号与注记可以分为地物符号、地貌符号和注记符号三大类,其中地物符号包含内容较多,上表中 1-7 均为地物符号。

2. 地物符号

地球表面复杂多样的物体和高低起伏的地表形态,在测量工作中可以概括为地物和地貌。地物是指地球表面自然形成或人工修建的具有明显轮廓的固定物体,如河流、湖泊、道路、房屋、植被等。根据地物大小和描述方法不同,地物符号可被分为依比例符号、半依比例符号和不依比例符号。

1)依比例符号

凡按照比例尺能将地物轮廓缩绘在图上的符号称为比例符号,如房屋、湖泊、森林、果园等。这些符号与地面上实际地物的形状相似,可以在图上量测地物面积,如图 3-34 所示。

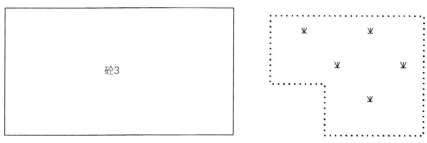

图 3-34　依比例尺表示的房屋和花圃

2）半依比例尺符号

长度可按比例尺缩绘，而宽度不能按比例尺缩绘的狭长地物符号，称为半比例符号，比如电力线、通信线、管道、河流和道路等。半比例符号的中心线是实际地物的中心线，这种符号在图上可以量测地物长度，不能量测其宽度，如图 3-35 所示。

$$\text{4.0} \qquad \text{1.0}$$
$$\text{━ ━ ━ ━ ━ ━ ━ ━ 0.3}$$

图 3-35　半依比例尺表示的小路

3）非比例符号

有些地物，测量控制点、独立树、里程碑和水井等，轮廓较小或无轮廓，无法将其形状和大小按比例缩绘到图上，但因其重要性又必须要表示时，则不考虑其实际大小而采用规定的符号表示，这种符号称为非比例符号。

非比例符号的形状大小不能按比例尺去描绘，其中心位置通常为地物中心、底线中心、底线拐点等，如图 3-36 所示。

4.1.3	导视线 a. 土壤上的 I16、I23——等级、点号 84、46、94、40——高程 2.4——比高	2.0 ⊙ $\dfrac{\text{I16}}{84.46}$ 2.4 ⊙ $\dfrac{\text{I23}}{94.40}$
4.1.4	埋石图根点 a. 土堆上的 12、16——点号 275.46、175.64——高程 2.5——比高	2.0 ▣ $\dfrac{12}{275.46}$ 2.5 ▣ $\dfrac{16}{275.46}$
4.1.5	不埋石图根点 19——点号 84.47——高程	2.0 ▣ $\dfrac{19}{275.46}$
4.1.6	水准点 Ⅱ——等级 京石 5——点名点号	2.0 ⊗ $\dfrac{\text{Ⅱ京石5}}{32.805}$

图 3-36　非比例符号表示的控制点

1. 任务考核

表 3-9　任务 3-2 考核

考核内容			考核评分		
项目	内　容	配分	得分	批注
工作准备（30%）	能够正确理解工作任务 3-2 内容、步骤	10		
	能够查阅和理解理解规范和说明书，了解草图法测图的观测方法，做好工作计划	10		
	准备工作场地和仪器设备，确保包含各种地物形态	5		
	确认仪器设备和工具，检查反光衣等安全装置	5		
外业观测（50%）	在控制点架设仪器，对中整平后，对后视并检查	5		
	根据地形情况绘制草图，草图上标注日期、北方向等	10		
	按照顺序依次测量地物点，注意不要漏地物	20		
	在草图上标注点号，并表示连接关系、地物属性等	10		
	本站测量完成之后检查后视，没问题后搬到下一站，重复以上操作。	5		
数据整理（20%）	测量完成之后归还仪器设备	10		
	从全站仪导出观测数据，准备绘图	10		
考核评语	考核人员：　　　　日期：　　年　月　日	考核成绩		

2. 任务评价

表 3-10　任务 3-2 评价

评价项目	评价内容	评价成绩	备注
工作准备	任务领会、资讯查询、器材准备	□A □B □C □D □E	
知识储备	系统认知、原理分析、技术参数	□A □B □C □D □E	
计划决策	任务分析、任务流程、实施方案	□A □B □C □D □E	
任务实施	专业能力、沟通能力、实施结果	□A □B □C □D □E	
职业道德	纪律素养、安全卫生、器材维护	□A □B □C □D □E	
其他评价			
导师签字：		日期：　　　　年　月　日	

注：在选项"□"里打"√"，其中 A 为 90～100 分；B 为 80～89 分；C 为 70～79 分；D 为 60～69 分；E 为不合格。

任务 3-3 编码法地物测绘

任务要求

 任务目标

在外业数据采集时输入编码来表示地物属性和连接关系，如图 3-37 所示。

图 3-37 编码法测图

 任务描述

为了减少绘制草图和内业绘图处理时需要不断审视草图的工作量，在野外数据采集时，全站仪除了记录各测点的点号和坐标信息外，还记录测点的编码。编码是由一定规则构成的符号串来表示地物属性和连接关系等信息，内业绘图时，绘图人员根据编码信息进行绘图处理，这种测图方法称为编码法。

 任务分析

编码法数据采集一般只需要两个人员为一组，一个进行观测并输入编码，一个进行跑尺，不需要绘制草图或只在地物复杂地方由跑尺员绘制草图。编码法相对于草图法节约人力，因此迅速在生产单位普及。观测人员与跑尺人员需严格配合，避免输入的编码错误，造成地物绘制错误。

工作准备

1. 仪器工具准备

编码法地物测绘需要使用全站仪、脚架、对中杆、棱镜、记录板、白纸、小钢尺、记号笔等，具体见表 3-11。

表 3-11 编码法地物测绘仪器工具清单

序 号	仪器工具名称	规 格	数 量
1	全站仪	6″以上	1 台
2	棱镜	小棱镜	1 个
3	脚架、对中杆	木质或铝合金	各 1 个
4	记录板、白纸	A4	1 个
5	小钢尺、记号笔等	2 m 以上	各 1 个

2．安全事项

（1）作业前请检查全站仪电量，带上备用电池。
（2）检查仪器及配件是否齐全，特别是小钢尺等。
（3）作业时要穿反光衣，注意交通安全。

任务实施

1. 全站仪测站设置

按照任务 3-1 的内容来进行测站对中整平，对完后视检查无误开始进入全站仪测图环节。

2. 编码法测图

编码法测图方法与草图法相似，只是在测图时在全站仪输入编码来表示地物属性信息和连接信息。常用的是自由编码法。

如下图所示，用简单的数据或字母表示地物的属性关系，如路编码为"L"，配电线的编码为"PD"，电力检修井编码为"DJ"，1 层砼房编码为"TF"，2 层砖房编码为"2Z"等，编码由测量人员自定，但需尽量简单，如图 3-38 所示。内业绘图时，绘图人员根据编码的属性信息和点号测量顺序进行绘图处理。

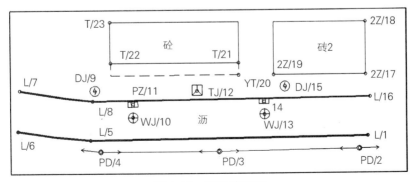

图 3-38 编码法测图

编码法测图使用编码代替草图，这就要求编码具有唯一性，同时要求跑尺员对地物地貌形态有一定的记忆，在内业编辑时能够根据编码连线成图。

3. 数据传输

采用任务 3-1 的方法进行数据传输，根据使用绘图软件不同选择相对应的数据格式，如图 3-39 所示。

```
1,L,3410073.6,37515842.4,54.40
2,PD,3410077.5,37515858.2,48.70
3,PD,3410072.6,37515882.8,38.40
4,PD,3410067.0,37515904.4,24.10
5,L,3410062.8,37515921.7,16.00
6,L,3410061.4,37515935.0,14.40
7,L,3410059.9,37515956.8,13.20
8,L,3410057.3,37515978.5,11.90
9,DJ,3410055.8,37515987.1,10.30
10,WJ,3410051.0,37516009.5,7.10
```

图 3-39 编码法测量数据

技术知识

1. 基础地理信息要素分类

《基础地理信息要素分类与代码》GB/T 13923—2022 规定了基础地理信息要素的分类编码原则、分类方案、编码方案以及分类与代码扩展原则，用数字形式标识基础地理信息要素的类型。

基础地理信息要素分类采用线分类法，要素类型按从属关系依次分为：大类、中类、小类、子类。大类共划分 9 类，包括：定位基础、水系、居民地及设施、交通、管线、境界与政区、地貌、植被与土质、地名；中类共划分 48 类，小类、子类按照 1：500～1：2000、1：5000～1：10 000、1：25 000～1：100 000、1：250 000～1：1 000 000 四个比例尺段进行类别划分，如图 3-40 所示。

序号	要素大类	要素中类
1	定位基础	测量控制点 数学基础
2	水系	河流 沟渠 湖泊 水库 海洋要素 其他水系要素 水利及附属设施

图 3-40 基础地理信息要素分类示意

2. 基础地理信息要素代码

代码采用 6 位十进制数字码，分别为按顺序排列的大类码、中类码、小类码和子类码，具体代码结构如图 3-41 所示：

图 3-41　代码结构

左起第一位为大类码；左起第二位为中类码，在大类基础上细分形成的要素类；左起第三、四位为小类码，在中类基础上细分形成的要素类；左起第五、六位为子类码，为小类的进一步细分，如图 3-42 所示。

要素名称	分类代码	1:500～1:2000	1:5000、1:10000	1:25000～1:100000	1:250000～1:1000000
定位基础	100000	√	√	√	√
测量控制点	110000	√	√	√	√
平面控制点	110100	√	√	√	√
大地原点	110101	√	√	√	√
三角点	110102	√	√	√	√
图根点	110103	√	—	—	—
导线点	110104	—	—	—	—
高程控制点	110200	√	√	√	√
水准原点	110201	√	√	√	√
水准点	110202	√	√	√	—
卫星定位控制点	110300	√	√	√	√
卫星定位连续运行站点	110301	√	√	√	√
卫星定位等级点	110302	√	√	√	—
其他测量控制点	110400	√	√	√	√
重力点	110401	√	√	√	√
独立天文点	110402	√	√	√	√
数学基础	120000	√	√	√	√
内图廓线	120100	√	√	√	√
坐标网线	120200	√	√	√	√
经线	120300	—	√	√	√
纬线	120400	—	√	√	√
北回归线	120401	√	√	√	√
南回归线	120402	√	√	√	√

图 3-42　基础地理信息要素代码示意

国家的编码体系完整，但不便于记忆，所以在通常情况下，在外业数据采集时，用便于记忆的自由编码代替，然后在绘图的时候由系统自动替换回来完成绘图，此种工作方式也称"带简编码格式的坐标数据文件自动绘图方式"。

工作拓展

CASS 简编码由于编码方式简单，在野外数据采集中有一定的参考意义，下面介绍一下 CASS 简编码的方法。

1. 地物简码

CASS 的野外操作码由描述实体属性的野外地物码和一些描述连接关系的野外连接码组成。CASS 专门有一个野外操作码定义文件——jcode.def，该文件是用来描述野外操作码与 CASS 内部编码的对应关系的，用户可编辑此文件使之符合自己的要求，但要注意不能重复。CASS 野外操作码有 1~3 位，第一位是英文字母，大小写等价，后面是范围为 0~99 的数字，无意义的 0 可以省略，例如，A 和 A00 等价，F1 和 F01 等价。野外操作码后面可跟参数，如野外操作码不到 3 位，与参数间应有连接符 "-"，如有 3 位，后面可紧跟参数，参数有下面几种：控制点的点名；房屋的层数；陡坎的坎高等。野外操作码第一个字母不能是 "P"，该字母只代表平行信息。可旋转独立地物要测两个点以便确定旋转角。野外操作码如以 "U"，"Q"，"B" 开头，将被认为是拟合的。房屋类和填充类地物将自动被认为是闭合的。对于查不到 CASS 编码的地物以及没有测够点数的地物，如只测一个点，自动绘图时不做处理，如测两点以上按线性地物处理。例如：K0——直折线型的陡坎，U0——曲线型的陡坎，W1——土围墙，T0——标准铁路（大比例尺），Y012.5——以该点为圆心半径为 12.5 m 的圆，详见表 3-12。

表 3-12 地物符号编码

地物类别	编码方案
控制点	C+数（0—图根点，1—埋石图根点，2—导线点，3—小三角点，4—三角点，5—土堆上的三角点，6—土堆上的小三角点，7—天文点，8—水准点，9—界址点）
房屋类	F+数（0—坚固房，1—普通房，2——一般房屋，3—建筑中房，4—破坏房，5—棚房，6—简单房）
垣栅类	W+数（0，1—宽为 0.5 米的围墙，2—栅栏，3—铁丝网，4—篱笆，5—活树篱笆，6—不依比例围墙，不拟合，7—不依比例围墙，拟合）
坎类(曲)	K(U)+数（0—陡坎，1—加固陡坎，2—斜坡，3—加固斜坡，4—垄，5—陡崖，6—干沟）
线类(曲)	X(Q)+数（0—实线，1—内部道路，2—小路，3—大车路，4—建筑公路，5—地类界，6—乡、镇界，7—县、县级市界，8—地区、地级市界，9—省界线）
铁路类	T+数（0—标准铁路（大比例尺），1—标（小），2—窄轨铁路（大），3—窄（小）铁路类 4—轻轨铁路（大），5—轻（小），6—缆车道（大），7—缆车道（小），8—架空索道，9—过河电缆）
电力线类	D+数（0—电线塔，1—高压线，2—低压线，3—通信线）
管线类	G+数（0—架空（大），1—架空（小），2—地面上的，3—地下的，4—有管堤的）
植被土质	拟合边界：B+数（0—旱地，1—水稻，2—菜地，3—天然草地，4—有林地，植被土质 5—行树，6—狭长灌木林，7—盐碱地，8—沙地，9—花圃） 不拟合边界：H+数（0—旱地，1—水稻，2—菜地，3—天然草地，4—有林地，5—行树，6—狭长灌木林，7—盐碱地，8—沙地，9—花圃）
圆形物	Y+数（0—半径，1—直径两端点，2—圆周三点）
平行体	P+（X(0—9)，Q(0—9)，K(0—6)，U(0—6)……）
点状地物	A14—水井；A20—电视发射塔；A36—消火栓；A40—变电室；A45—里程碑等

2. 关系码

关系码是描述地物点连接关系的代码，CASS 关系码见表 3-13。

表 3-13　描述连接关系的符号的含义

符号	含　义
+	本点与上一点相连，连线依测点顺序进行
−	本点与下一点相连，连线依测点顺序相反方向进行
n+	本点与上 n 点相连，连线依测点顺进行
n−	本点与下 n 点相连，连线依测点顺序相反方向进行
P	本点与上一点所在地物平行
nP	本点与上 n 点所在地物平行
+A$	断点标识符，本点与上点连
−A$	断点标识符，本点与下点连

3. 操作码的具体构成规则

（1）对于地物的第一点，操作码=地物代码。如图 3-43 中的 1、5 两点（点号表示测点顺序，括号中为该测点的编码，下同）。

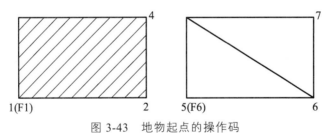

图 3-43　地物起点的操作码

（2）连续观测某一地物时，操作码为"+"或"−"。其中"+"号表示连线依测点顺序进行；"−"号表示连线依测点顺序相反的方向进行，如图 3-44 所示。在 CASS 中，连线顺序将决定类似于坎类的齿牙线的画向，齿牙线及其他类似标记总是画向连线方向的左边，因而改变连线方向就可改变其画向。

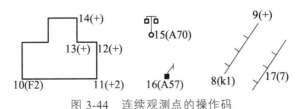

图 3-44　连续观测点的操作码

（3）交叉观测不同地物时，操作码为"n＋"或"n－"。其中"＋""－"号的意义同上，n表示该点应与以上n个点前面的点相连（n＝当前点号－连接点号－1，即跳点数），还可用"＋A\$"或"－A\$"标识断点，A\$是任意助记字符，当一对A\$断点出现后，可重复使用A\$字符。如图3-45所示。

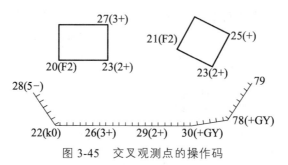

图3-45　交叉观测点的操作码

（4）观测平行体时，操作码为"p"或"np"。其中，"p"的含义为通过该点所画的符号应与上点所在地物的符号平行且同类，"np"的含义为通过该点所画的符号应与以上跳过n个点后的点所在的符号画平行体，对于带齿牙线的坎类符号，将会自动识别是堤还是沟。若上点或跳过n个点后的点所在的符号不为坎类或线类，系统将会自动搜索已测过的坎类或线类符号的点。因而，用于绘平行体的点，可在平行体的一"边"未测完时测对面点,亦可在测完后接着测对面的点，还可在加测其他地物点之后，测平行体的对面点。如图3-46所示。

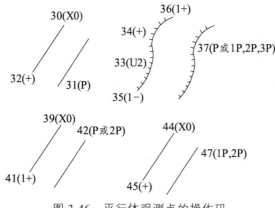

图3-46　平行体观测点的操作码

1. 任务考核

表 3-14　任务 3-3 考核

考核内容		考核评分		
项目	内　容	配分	得分	批注
工作准备（30%）	能够正确理解工作任务 3-3 内容、步骤	10		
	能够查阅和理解理解规范和说明书，了解编码法测图的观测方法，做好工作计划	10		
	准备工作场地和仪器设备，确保包含各种地物形态	5		
	确认仪器设备和工具，检查反光衣等安全装置	5		
外业观测（50%）	在控制点架设仪器，对中整平后，对后视并检查	10		
	按照顺序依次测量地物点，在测量时输入编码	20		
	跑尺人员在地物复杂不容易记忆的地方，画草图辅助记忆	10		
	本站测量完成之后检查后视，没问题后搬到下一站，重复以上操作	10		
数据整理（20%）	测量完成之后归还仪器设备	10		
	从全站仪导出观测数据，准备绘图	10		
考核评语	考核人员：　　　　　日期：　　年　月　日	考核成绩		

2. 任务评价

表 3-15　任务 3-3 评价

评价项目	评价内容	评价成绩	备注
工作准备	任务领会、资讯查询、器材准备	□A □B □C □D □E	
知识储备	系统认知、原理分析、技术参数	□A □B □C □D □E	
计划决策	任务分析、任务流程、实施方案	□A □B □C □D □E	
任务实施	专业能力、沟通能力、实施结果	□A □B □C □D □E	
职业道德	纪律素养、安全卫生、器材维护	□A □B □C □D □E	
其他评价			
导师签字：　　　　　　　　　　　　日期：　　　　年　月　日			

注：在选项"□"里打"√"，其中 A 为 90～100 分；B 为 80～89 分；C 为 70～79 分；D 为 60～69 分；
　　E 为不合格。

任务 3-4 GNSS-RTK 数据采集

任务要求

 任务目标

使用 GNSS-RTK 的方法进行外业数据采集，如图 3-47。

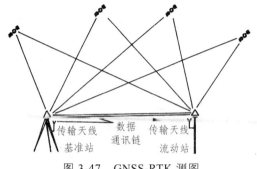

图 3-47 GNSS-RTK 测图

 任务描述

RTK（Real Time Kinematic）测量技术又称载波相位实时差分技术。其基本思想是在基准站上设置 GNSS 接收机，对所有可见 GNSS 卫星进行连续观测，并将观测数据通过无线电传输设备，实时发送给移动站。移动站 GNSS 接收机接收 GNSS 卫星信号的同时，其无线电接收设备接收基准站传输的观测数据，并根据相对定位原理，实时解算整周模糊度未知数并计算显示用户站的三维坐标及其精度。

 任务分析

GNSS-RTK 测量由于操作简单方便，在野外开阔的地区可以实时采集厘米级精度的坐标数据，已经是野外数据采集的一种重要手段。但是在城市，特别是在居民区，由于遮挡物太多，卫星信号不能很好覆盖，也会造成得不到固定解现象。因此 GNSS-RTK 数据采集方法大多是在开阔地区使用。

工作准备

1. 仪器工具准备

编码法地物测绘需要使用两台 GNSS 接收机（南方银河系列）、脚架、对中杆、记录板、白纸、记号笔等，如表 3-16 所示。

表 3-16　GNSS-RTK 数据采集仪器工具清单

序号	仪器工具名称	规　格	数　量
1	GNSS 接收机	1+2 mm	2 台
2	脚架	木质	1 个
3	对中杆	铝合金	1 个
4	记录板、白纸	A4	1 个
5	小钢尺、记号笔等	2 m 以上	各 1 个

2．安全事项

（1）作业前请检查全站仪电量，带上备用电池。

（2）检查仪器及配件是否齐全。

（3）作业时要穿反光衣，注意交通安全。

1．基准站和移动站设置

基准站可以架设在开阔、远离强电磁波干扰源的地点，不用架设在已知点上。架设好基准站后，使用手簿连接仪器，设置好相关参数（详见任务 3-2）。RTK 测量设备如图 3-48 所示。

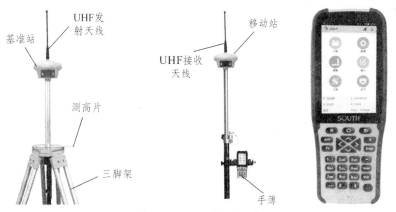

图 3-48　RTK 测量设备

2．求转换参数

求转换参数的方法与任务 2-3 相同。在求完转换参数而基站进行过开关机操作，或是有工作区域的转换参数，可以使用校正向导，在一个已知点上完成参数转换。校正向导产生的参数实际上是使用一个公共点计算两个不同坐标的"三参数"，在软件里称为校正参数。校正向导有两种途径，基站架在已知点上或基站架在未知点上，还有两种方法，输入已知点坐标直接校正，或是先采点再进行校正，如图 3-49 所示。

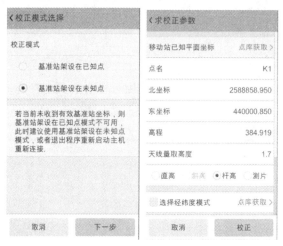

图 3-49　校正向导

3. 数据采集与输出

点校正完成后，到另外一起算点进行检查，检查无误后即可进行碎部点采集，输入相应的点名、编码后保存，步骤与 RTK 图根测量相似，如图 3-50 所示。

采集的数据为包含点名，编码，X、Y、H 的坐标数据文件，数据文件的导出与 RTK 图根测量的数据导出步骤相同。

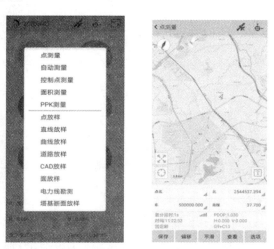

图 3-50　RTK 点测量

技术知识

1. GNSS 接收机的选用

我国 GNSS 测量按照精度和用途分为 A、B、C、D、E 级。不同等级的 GNSS 测量对接收机有不同的要求，GNSS 测量规范规定了接收机的选用要求如表 3-17 所示。

表 3-17　GNSS 接收机的选用

GNSS 测量等级	A	B	C	D、E
单频/双频	双频/全波长	双频	双频或单频	双频或单频
至少应具有的观测量	L1、L2 载波相位	L1、L2 载波相位	L1 载波相位	L1 载波相位
同步观测的接收机数量	≥4	≥4	≥3	≥2

2. 仪器检校

应用 GNSS 接收机包括有一般性检验？通电检验和测试检验？同时对于随机购买的专业数据处理软件也需一并进行检验。

1）一般性检验

（1）GNSS 接收机及其天线外观是否良好？外层涂漆是否有脱落之处？是否有摩擦挤压造成的伤痕？仪器、天线等设备的型号是否正确？

（2）各种零部件及附件、配件等是否齐全完好？是否与主件相配？

（3）需紧固的部件是否有松动和脱落的现象？

2）通电检验

（1）有关的信号灯工作是否正常？

（2）按键及显示系统工作是否正常？

（3）仪器自测试的结果是否正常？

（4）接收机锁定卫星的时间是否正常？接收的卫星信号强度是否正常？卫星的失锁现象是否正常？

3）测试检验

（1）天线或基座的圆水准器和光学对中器工作是否正常？

（2）天线高专用测尺是否完好？

（3）数据传录设备及专用软件性能是否正常？

4）注意 GNSS 新接收机的一般检验

（1）接收机内部噪声检验。

（2）接收机天线相位中心偏差及稳定性检验。

（3）接收机野外作业性能及不同程度精度指标的测试。

（4）接收机频标稳定性检验和数据质量评价。

（5）接收机高低温性能测试。

（6）接收机综合性能评价。

限于篇幅，本书不详述新接收机检验技术，读者可参考相关书籍和仪器说明书。

考核评价

1．任务考核

表3-18　任务3-4考核

考核内容		考核评分		
项目	内　　容	配分	得分	批注
工作准备（30%）	能够正确理解工作任务3-4内容、步骤	10		
	能够查阅和理解理解规范和说明书，了解GNSS-RTK测量原理与方法，做好工作计划	10		
	准备工作场地和仪器设备，确保包含各种地物形态	5		
	确认仪器设备和工具，检查反光衣等安全装置	5		
外业观测（50%）	架设基准站和移动站，连接好手簿，得到固定解	10		
	求转换参数，并应用于当前工程	10		
	使用RTK进行外业数据采集	20		
	测量完成之后，收取仪器	10		
数据整理（20%）	测量完成之后归还仪器设备	10		
	从手簿导出观测数据，准备绘图	10		
考核评语	考核人员：　　　　日期：　　年　月　日	考核成绩		

2．任务评价

表3-19　任务3-4评价

评价项目	评价内容	评价成绩	备注
工作准备	任务领会、资讯查询、器材准备	□A □B □C □D □E	
知识储备	系统认知、原理分析、技术参数	□A □B □C □D □E	
计划决策	任务分析、任务流程、实施方案	□A □B □C □D □E	
任务实施	专业能力、沟通能力、实施结果	□A □B □C □D □E	
职业道德	纪律素养、安全卫生、器材维护	□A □B □C □D □E	
其他评价			
导师签字：　　　　　　　　　日期：　　　　年　月　日			

注：在选项"□"里打"√"，其中A为90～100分；B为80～89分；C为70～79分；D为60～69分；
　　E为不合格。

任务 3-5　地貌测绘

任务目标

使用全站仪或者 GNSS-RTK 的方法进行地貌数据采集，如图 3-51 所示。

图 3-51　地貌测绘

任务描述

地貌是指的是地面呈现出的高低起伏的各种形态。地貌一般采用等高线表示，部分陡峭地区采用坎或坡表示，如图 3-52 所示。地貌测绘主要是进行高程点测量，测图范围内有地物时根据比例尺进行取舍。

图 3-52　地貌表示方法

任务分析

地貌测绘对测量人员的经验要求比较高，测图之前必须对等高线、等高距的定义、典型地貌的特征与测量方法、地貌特征点的选取、点位精度和密度有充分的了解，才能顺利地完成地貌测绘任务。

1. 仪器工具准备

编码法地物测绘需要使用两台 GNSS 接收机（南方银河系列）、脚架、对中杆、记录板、白纸、记号笔等，如表 3-20 所示。

表 3-20　草图法地物测绘仪器工具清单

序　号	仪器工具名称	规　格	数　量
1	GNSS 接收机	1+2 mm	2 台
2	脚架	木质	1 个
3	对中杆	铝合金	1 个
4	记录板、白纸	A4	1 个
5	小钢尺、记号笔等	2 m 以上	各 1 个

2. 安全事项

（1）作业前请检查全站仪电量，带上备用电池。

（2）检查仪器及配件是否齐全。

（3）作业时要穿反光衣，注意交通安全。

1. 地貌碎部点采集

无论是用陡坎（斜坡）还是等高线表示的地貌，特征点都在地形坡度变化的地方，山区主要特征点有山顶、山脊、山谷、鞍部、盆地等以及各处高差缓急交界处，如图 3-53 所示。对地形复杂的地方，碎部点要密集一些，对地形简单的地方，碎部点可以稀疏一些。为准确表示山顶、鞍部、山脊、山谷的宽度，碎部点应适当加密。

在山区进行地形测量采点时，一般沿着近乎等高的位置采点。同一排点的间距密集一些，以反映山脊、山谷的宽度等特点；当坡度相近时，一排点与另排点间的间距可以大一些，这样既可以准确地测绘山区地形，又可以提高效率。

图 3-53　山脊线与山谷线

2. 山顶测绘

山顶是山最高的部分，形状很多，有尖山顶、圆山顶、平山顶等，如图 3-54 所示。尖山顶的山顶附近坡度比较一致，因此尖山顶的等高线之间的平距没有太大的变化；圆山顶的顶部坡度比较平缓，然后逐渐变陡，等高线之间的平距在离山顶较远的部分较小，越至山顶，平距逐渐增大，在顶部最大；平山顶的顶部平坦，到一定范围时坡度突然变化，因此等高线之间的平距，在山坡部分较小，但不是向山顶方向逐渐变化，而是到山顶时平距突然增大。

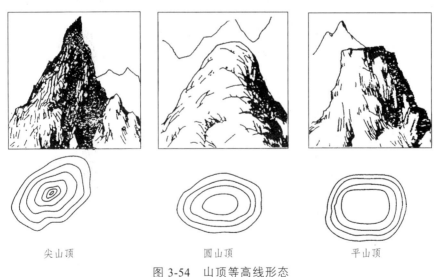

尖山顶　　　　　　　　　圆山顶　　　　　　　　　平山顶

图 3-54　山顶等高线形态

测量山顶是最高点必须实测，其他地方测量方法与地貌碎部点采集方式一致。

3. 山脊测绘

山脊是山体延伸的最高棱线，山脊的等高线均向下坡方向突出，两侧基本对称，山脊的坡度变化反映了山脊纵向的起伏状况，山脊的尖圆程度反映了山脊横向的形状。

山脊的形状可分为尖山脊、圆山脊、台阶状山脊。它们都可通过等高线的弯曲程度表现出来。如图 3-55 所示，尖山脊的等高线依山脊延伸的方向呈尖角状；圆山脊的等高线依山脊延伸的方向呈圆弧形；台阶状山脊的等高线依山脊延伸的方向呈疏密不同的方形。山脊线上点必须实测。

尖山脊　　　　　　　　　圆山脊　　　　　　　　台阶状山脊

图 3-55　山脊等高线形态

4. 山谷测绘

山谷等高线的特点与山脊等高线所表示的相反，等高线均向上方向突出。山谷的形状也可以分为尖底谷、圆底谷、平底谷。如图 3-56 所示，尖底谷是底部尖窄，等高线通过谷底时呈尖状；圆底谷是底部近于圆弧状，等高线通过谷底时呈圆弧；平底谷是谷底较宽，底坡平缓，两侧较陡，等高线通过谷底时在其两侧近于直角状。

尖底谷的下部常常有小溪流，山谷线明显；圆底谷的山谷线不太明显；平底谷多为人工开辟耕地之后形成的。山谷线上的点必须实测。

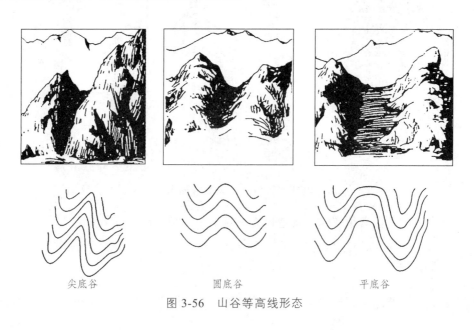

尖底谷　　　　　　　　　圆底谷　　　　　　　　平底谷

图 3-56　山谷等高线形态

5. 鞍部测绘

鞍部属于山脊上的一个特殊部位，是相邻两个山顶之间呈马鞍形的地方，可分为窄短鞍部、窄长鞍部和平宽鞍部。测绘时鞍部的最低点必须有立尺点，以便使等高线的形状正确，鞍部附近的立尺点应视坡度变化情况选择。鞍部的中心位于分水线的最低位置上，鞍部有两对同高程的等高线，即一对高于鞍部的等高线，另一对低于鞍部的等高线，这两对等高线近似地对称，如图 3-57 所示。

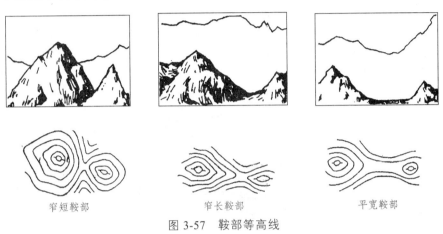

窄短鞍部　　　　　　　　窄长鞍部　　　　　　　　平宽鞍部

图 3-57　鞍部等高线

6. 盆地测绘

盆地是中间低四周高的地形，其等高线的特点与山顶相似，但其高低相反，即外圈的等高线高于内圈的等高线。测绘时，除在盆地最低处立尺外，对于盆地四周及盆地壁地形变化的地方均应适当选择立尺点，才能正确显示盆地的地貌。盆地的等高线形态与山顶一致，用示坡线加以区分，如图 3-58 所示。

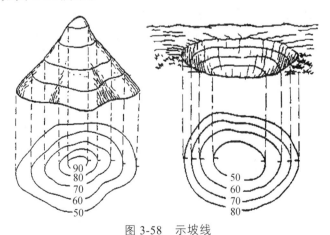

图 3-58　示坡线

示坡线是指与等高线正交、表示坡度降落的方向的短线，与等高线相连的一端指向上坡方向，另一端指向下坡方向。示坡线与等高线垂直相交，长度为图上 0.8 mm。一般应表示在谷地、山头、鞍部及斜坡方向不易判读的地方，凹地的最高、最低一条等高线也应表示示坡线。

1. 等高线的概念

在图 3-59 中，有一高地被水平面所截，在各平面上得到相应的截线，称为等高线。将这些截线垂直投影到大地水准面上，按一定的比例尺缩小后便得到了地形图上表示该高地的一圈套一圈的闭合曲线，即地形图上的等高线。所以等高线就是地面上高程相等的相邻各点所连成的闭合曲线，也就是水平面与地面相交的曲线。

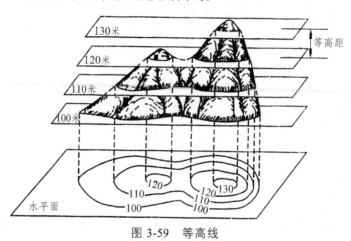

图 3-59 等高线

2. 基本等高距

基本等高距是指地形图上相邻两条等高线的高程差。等高距越小，地貌显示就越详细、确切；等高距越大，地貌显示就越粗略。等高距的选择必须根据地形高低起伏的程度、测图比例尺的大小和使用地形图的目的等因素来决定。1：500、1：1000、1：2000 不同地形类别的地形图的基本等高距见表 3-21。

表 3-21 大比例尺地形图基本等高距   单位：m

比例尺	地形类别			
	平地	丘陵地	山地	高山地
1：500	0.5	1.0（0.5）	1.0	1.0
1：1000	0.5（1.0）	1.0	1.0	2.0
1：2000	1.0（0.5）	1.0	2.0（2.5）	2.0（2.5）

注：括号内表示依用途需要选用的等高距

3. 等高线分类

为了更好地表示地貌的特征，便于识图用图，把等高线分为首曲线、计曲线、间曲线、助曲线4种。

（1）首曲线：又叫基本等高线，是按基本等高距测绘的等高线，用以显示地貌的基本形态。

（2）计曲线：又叫加粗等高线，每隔4条首曲线（4个等高距）加粗一条的等高线，以便在地图上判读和计算高程。

（3）间曲线：又叫半距等高线，是按二分之一等高距描绘的细长虚线，主要用以显示首曲线不能显示的某段微型地貌。间曲线只用于显示局部地区的地貌，故除显示山顶和凹地各自闭合外，其他一般都不闭合。

（4）助曲线：按四分之一基本等高距测绘的等高线，又称辅助等高线，表示时可不闭合。

4. 等高线特性

（1）同一等高线上任何一点高程都相等，但不能说凡是高程相等的点一定在同一条等高线上。当水平面和两个山头相交时，会得出同样高程的两条等高线。等高线一般都不相交、不重叠。

（2）等高线之间的水平距离与地面坡度的大小成反比，相邻等高线水平距离愈小，等高线排列越密，说明地面坡度越大；相邻等高线之间的水平距离愈大，等高线排列越稀，则说明地面坡度愈小。

（3）等高线都是连续、闭合的曲线，不在图内闭合就在图外闭合，因此等高线不能在图上中断。

（4）等高线不得穿过坎、双线河流、道路、房屋等地物，绘至地物的边线即可。

（5）等高线与山脊线、山谷线应垂直相交，山谷等高线应凸向高处，山脊等高线应凸向低处。

5. 地貌测量精度

根据各行业和使用地形图目的不同，对地形图高程测量的精度也不同，以《城市测量规范》CJJ/T 8—2011为例，地形图高程测量的精度要求如下：

（1）城市建筑区和基本等高距为0.5 m的平坦地区，各比例尺地形图高程注记点相对于邻近图根点的中误差不应大于0.15 m

（2）其他地区高程精度以等高线插求点高程中误差来衡量，等高线插求点相对邻近图根点的高程中误差满足表3-22规定，困难地区可放宽0.5倍。

表3-22 等高线插求点的高程中误差

地形类别	平地	丘陵地	山地	高山地
高程中误差	$\leq 1/3 \times H$	$\leq 1/2 \times H$	$\leq 2/3 \times H$	$\leq 1 \times H$

1. 任务考核

表 3-23 任务 3-5 考核

考核内容		考核评分		
项目	内　容	配分	得分	批注
工作准备（30%）	能够正确理解工作任务 3-5 内容、步骤	10		
	能够查阅和理解理解规范和说明书，了解地貌测量方法，做好工作计划	10		
	准备工作场地和仪器设备，确保包含各种地物形态	5		
	确认仪器设备和工具，检查反光衣等安全装置	5		
外业观测（50%）	架设基准站和移动站，连接好手簿，得到固定解，并求转换参数	10		
	测量地貌数据，特别注意典型地貌形态如山脊线、山谷线、鞍部等的测量	20		
	地物部分按照比例尺实测，有需要的绘制草图	10		
	测量完成之后，收取仪器	10		
数据整理（20%）	测量完成之后归还仪器设备	10		
	从手簿导出观测数据，准备绘图	10		
考核评语	考核人员：　　　　日期：　　年　月　日	考核成绩		

2. 任务评价

表 3-24 任务 3-5 评价

评价项目	评价内容	评价成绩	备注
工作准备	任务领会、资讯查询、器材准备	□A □B □C □D □E	
知识储备	系统认知、原理分析、技术参数	□A □B □C □D □E	
计划决策	任务分析、任务流程、实施方案	□A □B □C □D □E	
任务实施	专业能力、沟通能力、实施结果	□A □B □C □D □E	
职业道德	纪律素养、安全卫生、器材维护	□A □B □C □D □E	
其他评价			
导师签字：		日期：　　　　年　月　日	

注：在选项"□"里打"√"，其中 A 为 90～100 分；B 为 80～89 分；C 为 70～79 分；D 为 60～69 分；
　　E 为不合格。

项目小结

外业数据采集是数字测图最重要的工作之一，碎步点正确、高效地采集直接关系到测图成果的质量和效率。本章介绍了地物、地貌特征点的选择以及数据采集的集中方法，要在测量工作中根据测图环境、单位的仪器设备等条件灵活采用不同的方法，以取得最高的效率。

项目评价

在本项目教学和实施过程中，教师和学生可以根据以下项目考核评价表对各项任务进行考核评价。考核主要针对学生在技术知识、任务实施（技能情况）、拓展任务（实战训练）的掌握程度和完成效果进行评价。

表 3-25　项目 3 评价

工作任务	评价内容									
	技术知识		任务实施		拓展任务		完成效果		总体评价	
	个人评价	教师评价	个人评价	教师评价	个人评价	教师评价	个人评价	教师评价	个人评价	教师评价
任务 3-1										
任务 3-2										
任务 3-3										
任务 3-4										
任务 3-5										
存在问题与解决办法（应对策略）										
学习心得与体会分享										

实训与讨论

一、实训题

1. 全站仪草图法地物测绘。

2. 全站仪编码法地物测绘。

3. RTK 地物测绘。

4. 地貌测绘。

二、练习题

1. 全站仪坐标采集中，对后视以及前视的距离、立尺分别有什么要求？

2. 编码法数据采集对编码的制定有何要求？对采点的顺序有何要求？

3. 地貌测绘中，如何根据不同的测图比例尺、基本等高距、地貌环境把握采点的密度？

4. 全站仪编码法、RTK 编码法、电子平板法数据采集各有什么优劣？在什么样的测量环境中才能发挥最高的效率？

项目 4 大比例尺地形图成图方法

- 了解大比例地形图成图基本知识。
- 掌握平面图绘制的基本方法。
- 掌握等高线绘制与整饰原理与方法。

- 能够使用常用绘图软件完成地形图的绘制。
- 能够按规范要求对地形图进行编辑与整饰。
- 能够绘制与整饰等高线。
- 能够打印输出不同比例尺地形图。

- 能正确应用国家法律法规、国家和行业的相关规范，作风严谨。
- 培养团结协作精神，可以互相帮助、共同学习、共同达成目标。
- 培养吃苦耐劳、勇于开拓、积极进取的精神。

- 任务 4-1 SouthMap 成图系统介绍
- 任务 4-2 平面图绘制的基本方法
- 任务 4-3 等高线绘制
- 任务 4-4 地形图的编辑与整饰
- 任务 4-5 数字地形图的输出

任务 4-1 SouthMap 成图系统介绍

 任务目标

了解 SouthMap 软件界面及主要功能，安装后如图 4-1 所示。

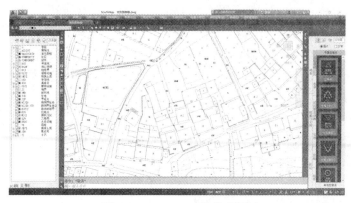

图 4-1 SouthMap 软件界面

 任务描述

南方地理信息数据成图软件 SouthMap 是基于 CAD 平台技术的 GIS 前端数据处理系统。广泛应用于地形成图、地籍成图、工程测量应用、空间数据建库、市政监管等领域，全面面向 GIS，彻底打通数字化成图系统与 GIS 接口，使用骨架线实时编辑、简码用户化、GIS 无缝接口等先进技术。

 任务分析

SouthMap 软件是广州南方卫星导航仪器有限公司基于 CAD 平台开发的一套集地形、地籍、空间数据建库、工程应用、土石方计算、三维测图等功能为一体的软件系统。

1. 材料准备

使用 SouthMap 软件需要计算机、CAD 软件、SouthMap 软件等，如表 4-1 所示。

表 4-1 任务 4-1 设备及材料清单

序号	元件名称	规格	数量
1	计算机	台式电脑或笔记本电脑	1 台
2	CAD	CAD 适配软件	1 套
3	SouthMap	SouthMap 适配软件	1 套

2．注意事项

（1）作业前检查计算机系统 Windows 7 及以上。

（2）检查 CAD、SouthMap 相适配的软件安装包。

（3）获得软件授权使用许可（或先体验试用版）。

1．菜单栏

菜单栏（图 4-2）包含了软件所有的功能选项，具体有文件、工具、编辑、显示、数据、绘图处理、地物编辑、等高线、工程应用等。

图 4-2　SouthMap 软件菜单栏

SouthMap 软件菜单栏设计简洁，分类清晰，大部分功能都可以通过菜单栏实现。

2．左侧图层属性面板

SouthMap 屏幕左侧设计了图层属性面板（图 4-3），其中图层面板可以以 CAD 和 GIS 两种方式显示实体图层供用户查看和定位；属性面板可以显示实体的各个属性供用户查看和编辑。

图 4-3　图层属性面板

3. 右侧地物绘制面板

SouthMap 屏幕的右侧的"屏幕菜单",是测绘专用交互绘图菜单(图 4-4)。进入该菜单的交互编辑功能时,您必须先选定定点方式。SouthMap 右侧屏幕菜单中定点方式包括"坐标定位""点号定位""地物匹配"等方式。其各部分的功能将在后文分别介绍。

图 4-4　地物绘制面板

4. 工具条

工具条菜单包含内容较多,可以根据需要在菜单栏通过右键菜单调出。屏幕常用工具条包括标准工具条(图 4-5)和使用工具条(图 4-6)。

图 4-5　标准工具条

标准工具条集成了常用的图形编辑快捷命令,包括图层、打开文件、保存、缩放、回退、删除、复制等。

图 4-6　使用工具条

使用工具条集成了地物绘制面板常用的地物快捷命令和常用地物编辑命令，包括查询地物编码、查询点位坐标、重新生成、注记以及常用地物快捷方式如房屋、围墙、道路、斜坡、电力线等。

SouthMap 地形地籍成图软件，是由南方数码基于 CAD 平台技术研发，具有完全知识产权的 GIS 前端数据处理系统。广泛应用于地形成图、地籍成图、工程测量应用、空间数据建库和更新、市政监管等领域。SouthMap 常用快捷命令见表 4-2。

表 4-2 SouthMap 常用快捷命令

SouthMap 系统	CAD 系统
DD——通用绘图命令	A——画弧（ARC）
V——查看实体属性	C——画圆（CIRCLE）
S——加入实体属性	CP——拷贝（COPY）
F——图形复制	E——删除（ERASE）
RR——符号重新生成	L——画直线（LINE）
H——线型换向	PL——画复合线（PLINE）
KK——查询坎高	LA——设置图层（LAYER）
X——多功能复合线	LT——设置线型（LINETYPE）
B——自由连接	M——移动（MOVE）
AA——给实体加地物名	P——屏幕移动（PAN）
T——注记文字	Z——屏幕缩放（ZOOM）
FF——绘制多点房屋	R——屏幕重画（REDRAW）
SS——绘制四点房屋	PE——复合线编辑（PEDIT）
W——绘制围墙	
K——绘制陡坎	
XP——绘制自然斜坡	
G——绘制高程点	
D——绘制电力线	
I——绘制道路	
N——批量拟合复合线	
O——批量修改复合线高	

SouthMap 系统	CAD 系统
WW——批量改变复合线宽	
Y——复合线上加点	
J——复合线连接	
Q——直角纠正	

工作拓展

根据上述操作方式，在电脑上完成 CAD、SouthMap 安装。

考核评价

1. 任务考核

表 4-3　任务 4-1 考核

考核内容			考核评分		
项目	内　容	配分	得分	批注	
工作准备（40%）	能够正确理解工作任务 4-1 内容、范围	10			
	能够查阅和理解相关资料，确认 CAD\SouthMap 适配版本	5			
	成功安装 CAD 软件	10			
	成功安装 SouthMap 软件	10			
	确认设备及软件，检查其是否正常工作	5			
实施程序（40%）	正确下载 SouthMap 软件包	10			
	成功 SouthMap 软件，并能正常运行	10			
	正确选用工具进行规范操作，完成软件安装、测试	10			
	安全无事故并在规定时间内完成任务	10			
课后（20%）	熟悉 SouthMap 的界面、功能介绍	10			
	查阅资料了解 SouthMap 的功能介绍	10			
考核评语	考核人员：　　　　　日期：　　年　月　日	考核成绩			

2. 任务评价

表 4-4　任务 4-1 评价

评价项目	评价内容	评价成绩	备注
工作准备	任务领会、资讯查询、安装包准备	□A □B □C □D □E	
知识储备	基础知识、技术参数	□A □B □C □D □E	
计划决策	任务分析、任务流程、实施方案	□A □B □C □D □E	
任务实施	专业能力、沟通能力、实施结果	□A □B □C □D □E	
职业道德	纪律素养、安全卫生、积极性	□A □B □C □D □E	
其他评价			
导师签字：		日期：　　　　年　月　日	

注：在选项"□"里打"√"，其中 A 为 90～100 分；B 为 80～89 分；C 为 70～79 分；D 为 60～69 分；
　　E 为不合格。

任务 4-2　平面图绘制的基本方法

 任务目标

使用 SouthMap 软件提供的多种成图方法绘制平面图。

任务描述

SouthMap 提供了"草图法""简码法""电子平板法"等多种成图作业方式，并可实时地将地物定位点和邻近地物（形）点显示在当前图形编辑窗口中，操作方便。通过本次任务的学习，您将学会运用 SouthMap 绘平面图的常用方法。

任务分析

本次任务利用数字化测图的特点介绍采用 SouthMap 测绘地形图的方法。内容包括测区首级控制、图根控制、测区分幅、碎步测量等，最后用 SouthMap 绘制一幅地形图。

工作准备

1．材料准备

SouthMap 软件安装需要计算机、CAD 软件、SouthMap 软件等硬件、软件设备和 SouthMap 本身提供的演示数据文件 YMSJ.DAT，WMSJ.DAT，DGX.DAT 等数据，如表 4-5 所示。

表 4-5　任务 4-2 设备及材料清单

序号	元件名称	规　格	数　量
1	计算机	台式电脑或笔记本电脑	1 台
2	CAD	CAD 适配软件	1 套
3	SouthMap	SouthMap 适配软件	1 套
4	样例数据	YMSJ.DAT, WMSJ.DAT, DGX.DAT	1 套

2．安全事项

（1）作业前检查数据是否完整。
（2）作业前检查软件是否可用。

下面分别介绍"草图法"和"简码法"的作业流程。另外补充介绍"测图精灵"采集的数据在 SouthMap 中成图的方法。

1. 草图法工作方式

"草图法"工作方式要求外业工作时，除了测量员和跑尺员外，还要安排一名绘草图的人员，在跑尺员跑尺时，绘图员要标注出所测的是什么地物（属性信息）及记下所测点的点号（位置信息），在测量过程中要和测量员及时联系，使草图上标注的某点点号要和全站仪里记录的点号一致，而在测量每一个碎部点时不用在电子手簿或全站仪里输入地物编码，故又称为"无码方式"。

"草图法"在内业工作时，根据作业方式的不同，分为"点号定位""坐标定位""编码引导"几种方法。

1）点号定位法作业流程

（1）定显示区。

定显示区的作用是根据输入坐标数据文件的数据大小定义屏幕显示区域的大小，以保证所有点可见。

首先移动鼠标至"绘图处理"项，按左键，即出现如图 4-7 所示的下拉菜单。

图 4-7　绘图处理下拉菜单

然后选择"定显示区"项，按左键，即出现一个对话框。

这时，需输入碎部点坐标数据文件名。可直接通过键盘输入，如在"文件（N）:"（即光标闪烁处）输入"C:\SouthMap\DEMO\YMSJ.DAT"后再移动鼠标至"打开（O）"处，按左键。也可参考 Windows 选择打开文件的操作方法操作。这时，命令区显示：

最小坐标（米）：X=31067.315,Y=54075.471

最大坐标（米）：X=31241.270,Y=54220.000

（2）选择测点点号定位成图法。

移动鼠标至屏幕右侧菜单区之"坐标定位/点号定位"项，按左键，即出现图 4-8 所示的对话框。

图 4-8　选择测点点号定位成图法的对话框

输入点号坐标点数据文件名 C:\SouthMap\DEMO\YMSJ.DAT 后，命令区提示："读点完成！共读入 60 点。"

（3）绘平面图。

根据野外作业时绘制的草图，移动鼠标至屏幕右侧菜单区选择相应的地形图图式符号，然后在屏幕中将所有的地物绘制出来。系统中所有地形图图式符号都是按照图层来划分的，例如所有表示测量控制点的符号都放在"控制点"这一层，所有表示独立地物的符号都放在"独立地物"这一层，所有表示植被的符号都放在"植被土质"这一层。

① 为了更加直观地在图形编辑区内看到各测点之间的关系，可以先将野外测点点号在屏幕中展出来。其操作方法是：先移动鼠标至屏幕的顶部菜单"绘图处理"项按左键，这时系统弹出一个下拉菜单。再移动鼠标选择"展野外测点点号"项按左键，便出现对话框。输入对应的坐标数据文件名 "C:\SouthMap\DEMO\YMSJ.DAT"后，便可在屏幕展出野外测点的点号。

② 根据外业草图，选择相应的地图图式符号在屏幕上将平面图绘出来。

如草图（图 4-9）所示的，由 33、34、35 号点连成一间普通房屋。

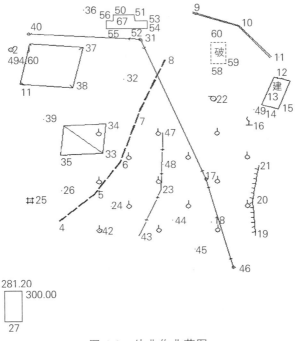

图 4-9　外业作业草图

移动鼠标至右侧菜单"居民地/一般房屋"处按左键，系统便弹出如图 4-10 所示的对话框。再移动鼠标到"四点房屋"的图标处按左键，图标变亮表示该图标已被选中，然后移鼠标至"OK"按钮处按左键。这时命令区提示：

图 4-10　"居民地/一般房屋"图层图例

绘图比例尺 1：输入 1000，回车。

1. 已知三点/2.已知两点及宽度/3.已知四点<1>：输入 1，回车（或直接回车默认选 1）。

说明：已知三点是指测矩形房子时测了三个点；已知两点及宽度则是指测矩形房子时测了两个点及房子的一条边；已知四点则是测了房子的四个角点。

点 P/<点号>输入 33，回车。

说明：点 P 是指由您根据实际情况在屏幕上指定一个点；点号是指绘地物符号定位点的点号（与草图的点号对应），此处使用点号。

点 P/<点号>输入 34，回车。

点 P/<点号>输入 35，回车。

这样，即将 33、34、35 号点连成一间普通房屋。

注意：

绘房子时，输入的点号必须按顺时针或逆时针的顺序输入，如上例的点号按 34、33、35 或 35、33、34 的顺序输入，否则绘出来房子就不对。

重复上述操作，将 37、38、41 号点绘成四点棚房；60、58、59 号点绘成四点破坏房子；12、14、15 号点绘成四点建筑中房屋；50、51、52、53、54、55、56、57 号点绘成多点一般房屋；27、28、29 号点绘成四点房屋。

同样在"居民地/垣栅"层找到"依比例围墙"的图标，将 9、10、11 号点绘成依比例围墙的符号；在"居民地/垣栅"层找到"篱笆"的图标将 47、48、23、46、43 号点绘成篱笆的符号。完成这些操作后，其平面图如图 4-11 所示。

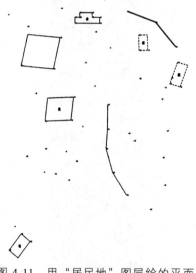

图 4-11 用"居民地"图层绘的平面图

再把草图中的 19、20、21 号点连成一段陡坎，其操作方法：先移动鼠标至右侧屏幕菜单"地貌土质/人工地貌"处按左键，这时系统弹出如图 4-12 所示的对话框。

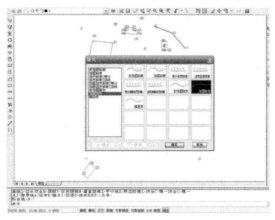

图 4-12 "地貌土质"图层图例

移鼠标到表示未加固陡坎符号的图标处按左键选择其图标,再移鼠标到 OK 处按左键确认所选择的图标。命令区便分别出现以下的提示:

请输入坎高,单位:米<1.0>:输入坎高,回车(直接回车默认坎高 1 米)。

说明:在这里输入的坎高(实测得的坎顶高程),系统将坎顶点的高程减去坎高得到坎底点高程,这样在建立(DTM)时,坎底点便参与组网的计算。

点 P/<点号>:输入 19,回车。

点 P/<点号>:输入 20,回车。

点 P/<点号>:输入 21,回车。

点 P/<点号>:回车或按鼠标的右键,结束输入。

注:如果需要在点号定位的过程中临时切换到坐标定位,可以按"P"键,这时进入坐标定位状态,想回到点号定位状态时再次按"P"键即可。

拟合吗?<N>回车或按鼠标的右键,默认输入 N。

说明:拟合的作用是对复合线进行圆滑。

这时,便在 19,20,21 号点之间绘成陡坎的符号,如图 4-13 所示。注意:陡坎上的坎毛生成在绘图方向的左侧。

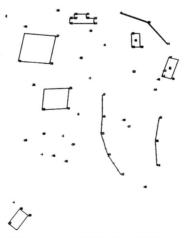

图 4-13 加绘陡坎后的平面图

这样，重复上述的操作便可以将所有测点用地图图式符号绘制出来。在操作的过程中，您可以嵌用 CAD 的透明命令，如放大显示、移动图纸、删除、文字注记等。

2）坐标定位法作业流程

（1）定显示区。

此步操作与"点号定位"法作业流程的"定显示区"的操作相同。

（2）选择坐标定位成图法。

移动鼠标至屏幕右侧菜单区之"坐标定位"项，按左键，即进入"坐标定位"项的菜单。如果刚才在"测点点号"状态下，可通过选择"SouthMap 成图软件"按钮返回主菜单之后再进入"坐标定位"菜单。

（3）绘平面图。

与"点号定位"法成图流程类似，需先在屏幕上展点，根据外业草图，选择相应的地图图式符号在屏幕上将平面图绘出来，区别在于不能通过测点点号来进行定位了。仍以作居民地为例讲解。移动鼠标至右侧菜单"居民地"处按左键，系统便弹出对话框。再移动鼠标到"四点房屋"的图标处按左键，图标变亮表示该图标已被选中，然后移鼠标至"OK"按扭处按左键。这时命令区提示：

1. 已知三点/2. 已知两点及宽度/3.已知四点<1>：输入 1，回车（或直接回车默认选 1）。

输入点：移动鼠标至右侧屏幕菜单的"捕捉方式"项，击左键，弹出如图 4-14 所示的对话框。再移动鼠标到"NOD"（节点）的图标处按左键，图标变亮表示该图标已被选中，然后移鼠标至"OK"按扭处按左键。这时鼠标靠近 33 号点，出现黄色标记，点击鼠标左键，完成捕捉工作。

图 4-14 "捕捉方式"选项

输入点：同上操作捕捉 34 号点。

输入点：同上操作捕捉 35 号点。

这样，即将 33，34，35 号点连成一间普通房屋。

注意：在输入点时，嵌套使用了捕捉功能，选择不同的捕捉方式会出现不同形式的黄颜色光标，适用于不同的情况。"捕捉方式"的详细使用方法参见《参考手册》第一章。

命令区要求"输入点"时，也可以用鼠标左键在屏幕上直接点击，为了精确定位也可输入实地坐标。下面以"路灯"为例进行演示。移动鼠标至右侧屏幕菜单"独立地物/公共设施"处按左键，这时系统便弹出"独立地物/其他设施"的对话框，如图 4-15 所示，移动鼠标到"路灯"的图标处按左键，图标变亮表示该图标已被选中，然后移鼠标至"确定"处按左键。

这时命令区提示：

输入点：输入 143.35,159.28，回车。

这时就在（143.35,159.28）处绘好了一个路灯。

注意：随着鼠标在屏幕上移动，左下角提示的坐标实时变化。

图 4-15 "独立地物/其他设施"图层图例

3）编码引导法作业流程

此方式也称为"编码引导文件+无码坐标数据文件自动绘图方式"。

（1）编辑引导文件。

① 移动鼠标至绘图屏幕的顶部菜单，选择"编辑"的"编辑文本文件"项，该处以高亮度（深蓝）显示，按左键，屏幕命令区出现如图 4-16 所示，对话框。

```
W2,165,7,6,5,4,166
F0,164,162,85
U2,38,37,36,35,39,40
F0,133,167,132,152,168,153,77,169,76,136,135,134,133
U3,170,95,96,171
F1,68,66,114
Q4,172,52,53,54,55,56,57,58,59,60,61,62,63,64,151,106,173
Q5,107,150,149,148,147,146,145,144,143,142,141,140,174,175,176,177
Q0,130,129,127,97,98,99
Q0,131,128,126,183,184,185
Q2,49,50,51,90,91,86,84,83,82,81,72,119,118,117,116,110
```

图 4-16　编辑文本对话框

以"C:\ SouthMap\DEMO\WM.YD"为例。

屏幕上将弹出记事本，这时根据野外作业草图，可参考《SouthMap 操作指南》附录的地物代码以及文件格式，编辑好此文件。

② 移动鼠标至"文件（F）"项，按左键便出现文件类操作的下拉菜单，然后移动鼠标至"退出（X）"项。

　　a. 每一行表示一个地物；

　　b. 每一行的第一项为地物的"地物代码"，以后各数据为构成该地物的各测点的点号（依连接顺序的排列）；

　　c. 同行的数据之间用逗号分隔；

　　d. 表示地物代码的字母要大写；

　　e. 用户可根据自己的需要定制野外操作简码，通过更 C:\SouthMap\SYSTEM\JCODE.DEF 文件即可实现。

（2）定显示区。

此步操作与"点号定位"法作业流程的"定显示区"的操作相同。

（3）编码引导。

编码引导的作用是将"引导文件"与"无码的坐标数据文件"合并生成一个新的带简编码格式的坐标数据文件。这个新的带简编码格式的坐标数据文件在下一步"简码识别"操作时将要用到。

移动鼠标至绘图屏幕的最上方，选择"绘图处理—编码引导"项，该处以高亮度（深蓝）显示，按下鼠标左键，即出现如图 4-17 所示对话窗。输入编码引导文件名"C:\SouthMap\DEMO\WMSJ.YD"，或通过 Windows 窗口操作找到此文件，然后用鼠标左键选择"确定"按钮。

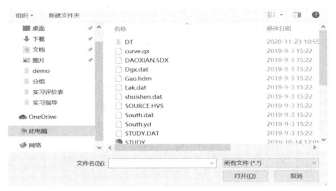

图 4-17 输入编码引导文件

① 接着，屏幕出现图 4-18 所示对话窗。要求输入坐标数据文件名，此时输入"C: \ SouthMap \ DEMO \ WMSJ.DAT"。

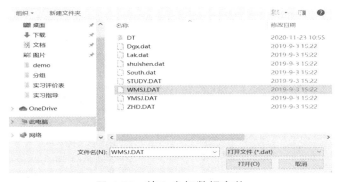

图 4-18 输入坐标数据文件

② 这时，屏幕按照这两个文件自动生成图形如图 4-19 所示。

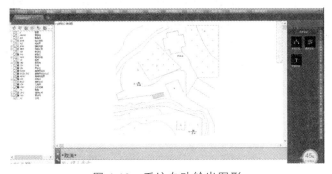

图 4-19 系统自动绘出图形

2. 简码法工作方式

此种工作方式也称作"带简编码格式的坐标数据文件自动绘图方式"，与"草图法"在野外测量时不同的是，每测一个地物点时都要在电子手簿或全站仪上输入地物点的简编码，简编码一般由一位字母和一或两位数字组成，可参考《SouthMap 操作指南》附录。用户可根据自己的需要通过 JCODE.DEF 文件定制野外操作简码。

（1）定显示区。

此步操作与"草图法"中"测点点号"定位绘图方式作业流程的"定显示区"操作相同。

（2）简码识别。

简码识别的作用是将带简编码格式的坐标数据文件转换成计算机能识别的程序内部码（又称绘图码）。

移动鼠标至菜单"绘图处理"—"简码识别"项，该处以高亮度（深蓝）显示，按左键，即出现如图 4-20 所示对话窗。输入带简编码格式的坐标数据文件名（此处以 C:\SouthMap\DEMO\YMSJ.DAT 为例）。当提示区显示"简码识别完毕！"同时在屏幕绘出平面图形。

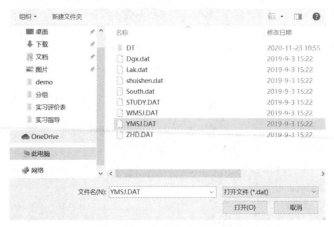

图 4-20　选择简编码文件

上面按照清晰的步骤介绍了草图法、简码法的工作方法。其中草图法包括点号定位法、坐标定位法、编码引导法；编码引导法的外业工作也需要绘制草图，但内业通过编辑编码引导文件，将编码引导文件与无码坐标数据文件合并生成带简码的坐标数据文件，其后的操作等效于简码法，简码识别时就可自动绘图，如图 4-21 所示。如果在平面图的基础上绘制等高线，则参考本章的任务 4-3 绘制等高线。如果要编辑平面图（文字注记、图幅整饰等），则参考本章任务 4-4 图形编辑。

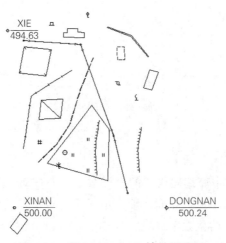

图 4-21　用 YMSJ.DAT 绘的平面图

SouthMap 支持多种多样的作业模式，除了草图法、简码法以外，还有白纸图数字化法、电子平板法，可根据实际情况灵活选择恰当的方法。

3. "测图精灵"掌上平板成图方式

如果用"测图精灵"在外业采集数据，内业将会非常轻松。大体上来说，使用这种作业模式，外业得草图法的便捷，内业得简码法的轻松。因为在野外作业时"测图精灵"已将大部分地物的属性写进了图形文件，同时采集了坐标数据和原始测量数据（角度和距离）。

在野外作业的过程中，通过点选"测图精灵"中的地物来给测得的实体赋属性，如同在 SouthMap 中给实体赋属性一样方便、快捷。当熟练以后，可在很大程度上缩短内业工作时间。

"测图精灵"的具体用法请参考南方数码科技股份有限公司出版的《测图精灵用户手册》。

外业数据采集完成后，下一步是将坐标数据和图形数据传输到计算机中，用 SouthMap 进行处理。

在测完图形后进行保存时，"测图精灵"会提示输入文件名，点"确定"后在"测图精灵"的"My Documents"目录下会有扩展名为 SPD 的文件。

在"测图精灵"的"测量"菜单项下选择"坐标输出"，就可得到 SouthMap 的标准坐标数据文件（扩展名为 DAT），这个文件可直接在 SouthMap 中展点，也可以用来生成等高线，计算土方量等。这个文件和图形文件在同一个目录下，文件名相同，扩展名为 DAT。

测图精灵外业结束后，可将 SPD 文件复制到计算机上，利用 SouthMap 进行图形重构即可。具体操作为：

点击菜单命令：数据处理—测图精灵数据格式转换—读入，则 SouthMap 系统读入测图精灵生成的 SPD 格式数据，自动进行图形重构并生成 DWG 格式图形，与此同时还生成原始测量数据文件"*.HVS"和坐标数据文件"*.DAT"。

绘制等高线和部分图形编辑（具体操作见任务 4-3、任务 4-4）。

<hr>

技术知识

以 1：1000 地形图的要求简要介绍几个主要要素技术要点：

1. 居民地及设施

（1）居民地的各类建筑物、构筑物及主要附属设施应准确测绘实地外围轮廓和如实反映建筑结构特征。

（2）房屋的轮廓应以墙基外角为准，墙角如防震加固垛的房屋，以垛外角测绘。

（3）房屋一般不综合，应逐个表示、不同层数，不同结构性质、主要房屋和附加房屋都应分割表示。城镇内的老居民区，房屋毗连、庭院套递，应根据房屋形式不同、屋脊高低不一、屋脊前后不齐等因素进行分割表示，所有分割线均用实线绘制。

2．工矿建筑物及其他设施的测绘

工矿建筑物及其他设施依比例尺表示的，应实测其外部轮廓，并配置符号或按图式规定用依比例尺符号表示；不依比例尺表示的，应准确测定其定点或定位线，用不依比例尺符号表示，并标注其性质。

3．交通及附属设施

（1）测绘道路时，要求等级分明、位置正确，应按真实路边线绘出，线段曲直和交叉位置的形状要反映逼真。各级道路应在图上每隔 10～15 cm 注出等级代码及编号，有路名加注其名称。

（2）高速公路表示其配套设施，如隔离带、栅栏、排水沟、绿化带、铁丝网、收费站等。

（3）火车站及附属设施要按图式表示，铁路上信号灯、桥涵、铁丝网等附属设施要表示；铁路要注记路名。

（4）水系交通要注意码头、渡口、灯塔、过江管线标等要素的表示，汽渡要标注载重吨位。

（5）陆路交通各附属设施如：车站、汽车停车站、停车场、加油站、路标、千米碑等均要表示；交通信号灯要求外业调绘，根据图上密度可适当取舍。

（6）桥梁应加注建筑材料，如"钢""砼""石""木"等字，四级以上公路的桥梁应加注载重吨数。

（7）公路进入城区时，公路符号以街道线代替；街道上永久性的隔离栏用栅栏符号表示，次要街道可用各类地物实际存在的边界线表示；单位里的道路用内部路符号表示；城区内固定的安全岛，指挥亭、人行道、街心花园、绿化带均表示。

（8）乡村路较密集时，可视通行情况择要依小路符号表示，易构成网状，并反映出疏密特征。双线路下的涵管要表示。

4．水 系

（1）池塘的水涯线沿上边沿线绘，加注"塘"字表示，不绘坎子符号；若池塘边沿有明显陡坎的用坎子符号表示，加注"塘"字，塘内不绘水线。

（2）主要用来养殖的池塘应加注性质，如"鱼"等。

（3）河流沟渠要注意堤坝、滚水坝、加固岸的表示；水库的拦水坝要加注建筑材料及坝长和坝顶高，其相应的附属设施如溢洪道、出水口一并要表示清楚。水系的附属设施如涵洞、倒吸虹、水闸等要表示。

（4）输水渡槽、输水隧道等人工水利设施要按图式表示。

（5）各河流、沟渠当图上宽度大于 1 mm 的用双线依比例尺表示，小于 1 mm 的用单线表示；各河流、沟渠都要标注流向，在往复流的地方应标示往复流向；通航的河流应标注流速。

（6）居民地及城区内或周边的公用水井要表示，机井、手压井不表示；泉眼要表示，并标注属性。

（7）水塘、鱼塘应加注"塘""（鱼）"；有水生作物的水塘，除绘出水生作物符号外，应加注水生作物名称，如："藕""茭"等。

5．管　线

（1）永久性的电力线、通信线均应表示；同一电杆上有多种线路时，只表示主要的一种，但在分叉处需交代清楚。临时性用木杆架设的电力线、通信线不表示。

（2）城市建筑区内电力线、通信线在图内可不连线（其他地区均应连线），但应标清方向，接边处用实线连接。35 kV 及以上（含 35 kV）电力线要注明伏数，在电力线上垂直于电力线方向，注记"35"，在注记位置打断电力线。

（3）入地口短线符号紧靠杆位一侧按垂直于南图廓线方向表示，地下部分能明确其走向的用虚线表示出一段，地下光缆均应表示准确。

（4）国家布设的主干光纤、电缆、大型输油输气等地下管线的地上标志施测表示，其余的地下管线可以不表示。

（5）居民区内和街道两边的消防栓、各种地下检修井在 1：1000 图上一般按实地位置调绘准确，配电箱的附带井和小区内污水箅子、可不采集；小区和单位院内的检修井一般不表示，与市政管线相连接的表示，图上符号间距小于 5 mm 的可适当取舍或选注（两井间距指边缘到边缘的距离），取舍时应保留方井，且方井用圆井符号表示。

（6）电力线、通信线的各附属设施如：电力检修井孔、变电室、变压器、电缆交接箱、地下入口、电信检修孔、电信交接箱等均要表示清楚；地面上架空管线应表示，其墩架应实测表示，其墩密集时可做适当取舍，但在拐弯处和跨越地物两侧的不应取舍。

6．植被与土质

（1）图上应正确反映植被类别特征和分布范围。

（2）在同一地段生长的多种植物时，植被符号可配合表示，但不超过三种。

（3）植被符号除灌木林外均应整列式表示，符号左、右、之间的间距为 20 mm，符号上、下间距为 10 mm。

（4）有林地、灌木林植被符号应散列配置，符号相互间距为 10 mm。

（5）散树、行树、独立树按《地形图图式》和符号表示。

（6）地类界符号与地面上有形的线状符号重合时，可省略不绘；与地面上无形的线状符号重合时，需移位表示。

7．名称注记

（1）所有名称应使用国务院批准的简化字。方言字、地方字应注出拼音字母和汉字谐音。

（2）各自然村落有自然名称的以自然名称为主，没有自然名称的用行政名称表示，还在沿用的地理名称、山名要表示。

（3）村委会、居委会、乡、镇、街道、市各级行政机构，有固定办公场地的名称均要表示。

（4）学校、医院、车站、码头、广场、气象台、水文站、地震台、天文台、环保监测站、卫星地面站、科学实验站、电视台、体育场、邮局、大型商场、大的宾馆饭店等名称均要表示。当图内容纳不下名称注记时，可用符号代替名称注记，符号表示在主要建筑物上。

（5）各历史古迹、风景名胜的名称均要表示。

（6）有名称的河流、干渠、湖泊、水库、大型桥梁、水闸等的名称均要表示。

（7）省道、国道、高速路的名称注记一般以国家公路网的编码为准；县道、乡道无编码的注记等级，有路名的注记路名；低等级的一律不注记路名。

（8）街道、巷子的名称一般以路牌为准。

（9）字数较多的地理名称图上注记时，应简注群众公认的简化名称，如"陆丰市第一中学"可简注为"市一中"。

（10）以上未说明部分按规范执行。

工作拓展

参照以上操作，对外业采集数据进行加工处理进行地物绘制，注意房屋附属的采集。

1．任务考核

表 4-6 任务 4-2 考核

考核内容			考核评分		
项目	内　容	配分	得分	批注	
工作准备（30%）	能够正确理解工作任务 4-2 内容、范围	10			
	能够查阅和理解技术手册	5			
	准备好实训所需要的样例数据	5			
	查阅并了解 SouthMap 绘图相关资料	5			
	确认设备及软件，检查其是否安全及正常工作	5			
实施程序（50%）	成功加载样例数据	10			
	利用样例数据绘制平面图	10			
	熟悉图形的简单操作	15			
	安全无事故并在规定时间内完成任务	15			
课后（20%）	掌握地形图绘制的基本操作	10			
	按照工作程序，填写完成作业单	10			
考核评语	考核人员：　　　　日期：　　年　月　日	考核成绩			

2．任务评价

表 4-7 任务 4-2 评价

评价项目	评价内容	评价成绩	备注
工作准备	任务领会、资讯查询、素材准备	□A □B □C □D □E	
知识储备	系统认知、原理分析、技术参数	□A □B □C □D □E	
计划决策	任务分析、任务流程、实施方案	□A □B □C □D □E	
任务实施	专业能力、沟通能力、实施结果	□A □B □C □D □E	
职业道德	纪律素养、安全卫生、态度、积极性	□A □B □C □D □E	
其他评价			
导师签字：　　　　　　　　　　　日期：　　　　年　月　日			

注：在选项"□"里打"√"，其中 A 为 90~100 分；B 为 80~89 分；C 为 70~79 分；D 为 60~69 分；
　　E 为不合格。

任务 4-3 等高线的绘制

任务目标

利用 SouthMap 软件进行等高线的绘制。

任务描述

在地形图中，等高线是表示地貌起伏的一种重要手段。常规的平板测图，等高线是由手工描绘的，等高线可以描绘得比较圆滑但精度稍低。在数字化自动成图系统中，等高线是由计算机自动勾绘，生成的等高线精度相当高。

任务分析

SouthMap 在绘制等高线时，充分考虑到等高线通过地形线和断裂线时情况的处理，如陡坎、陡崖等。SouthMap 能自动切除通过地物、注记、陡坎的等高线。由于采用了轻量线来生成等高线，SouthMap 在生成等高线后，文件大小比其他软件小了很多。

在绘等高线之前，必须先将野外测的高程点建立数字地面模型（DTM），然后在数字地面模型上生成等高线。

工作准备

1．材料准备

SouthMap 绘制等高线需要计算机、SouthMap 相关软件、样例数据等，如表 4-8 所示。

表 4-8　任务 4-3 设备及材料清单

序号	元件名称	规　格	数　量
1	计算机	台式电脑或笔记本电脑	1 台
2	CAD	CAD 适配软件	1 套
3	SouthMap	SouthMap 适配软件	1 套
4	样例数据	DGX.DAT 等	1 套

2. 安全事项

（1）作业前检查数据是否完整，样例数据或野外采集的数据。

（2）作业前检查软件是否可用。

1. 建立数字地面模型（构建三角网）

数字地面模型（DTM），是在一定区域范围内规则格网点或三角网点的平面坐标（X, Y）和其地物性质的数据集合，如果此地物性质是该点的高程 Z，则此数字地面模型又称为数字高程模型（DEM）。这个数据集合从微分角度三维地描述了该区域地形地貌的空间分布。DTM作为新兴的一种数字产品，与传统的矢量数据相辅相成、各领风骚，在空间分析和决策方面发挥越来越大的作用。借助计算机和地理信息系统软件，DTM数据可以用于建立各种各样的模型解决一些实际问题，主要的应用有：按用户设定的等高距生成等高线图、透视图、坡度图、断面图、渲染图、与数字正射影像 DOM 复合生成景观图，或者计算特定物体对象的体积、表面覆盖面积等，还可用于空间复合、可达性分析、表面分析、扩散分析等方面。

我们在使用 SouthMap 自动生成等高线时，应先建立数字地面模型。在这之前，可以先"定显示区"及"展点"，"定显示区"的操作与上一节"草图法"中"点号定位"法的工作流程中的"定显示区"的操作相同，出现图 4-8 所示界面要求输入文件名时找到该如下路径的数据文件"C:\SouthMap\DEMO\DGX.DAT"。展点时可选择"展高程点"选项，如图 4-22 所示下拉菜单。

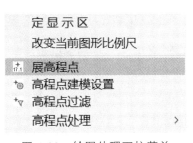

定显示区

改变当前图形比例尺

展高程点

高程点建模设置

高程点过滤

高程点处理

图 4-22　绘图处理下拉菜单

要求输入文件名时在"C:\SouthMap\DEMO\DGX.DAT"路径下选择"打开"DGX.DAT文件后命令区提示：

注记高程点的距离（米）：根据规范要求输入高程点注记距离（即注记高程点的密度），回车默认为注记全部高程点的高程。这时，所有高程点和控制点的高程均自动展绘到图上。

（1）移动鼠标至屏幕顶部菜单"等高线"项，按左键，出现如图 4-23 所示的下拉菜单。

图 4-23　"等高线"的下拉菜单

（2）移动鼠标至"建立三角网"项，该处以高亮度（深蓝）显示，按左键，出现如图 4-24 所示对话窗。

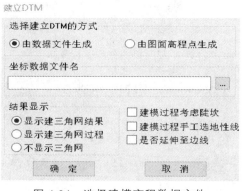

图 4-24　选择建模高程数据文件

首先选择建立 DTM 的方式，分为两种方式：由数据文件生成和由图面高程点生成，如果选择由数据文件生成，则在坐标数据文件名中选择坐标数据文件；如果选择由图面高程点生成，则在绘图区选择参加建立 DTM 的高程点。然后选择结果显示，分为三种：显示建三角网结果、显示建三角网过程和不显示三角网。最后选择在建立 DTM 的过程中是否考虑陡坎和地形线。

点击确定后生成如图 4-25 所示的三角网。

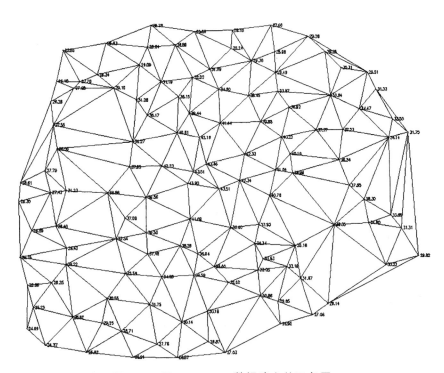

图 4-25　用 DGX.DAT 数据建立的三角网

2. 修改数字地面模型（修改三角网）

一般情况下，由于地形条件的限制在外业采集的碎部点很难一次性生成理想的等高线，如楼顶上控制点。另外还因现实地貌的多样性和复杂性，自动构成的数字地面模型与实际地貌不太一致，这时可以通过修改三角网来修改这些局部不合理的地方。

（1）删除三角形。

如果在某局部内没有等高线通过的，则可将其局部内相关的三角形删除。删除三角形的操作方法是：先将要删除三角形的地方局部放大，再选择"等高线"下拉菜单的"删除三角形"项，命令区提示选择对象：这时便可选择要删除的三角形，如果误删，可用"U 命令"将误删的三角形恢复。删除三角形后如图 4-26。

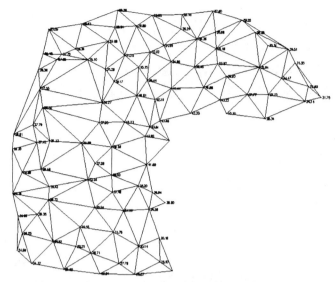

图 4-26　将右下角的三角形删除

（2）过滤三角形。

可根据用户需要输入符合三角形中最小角的度数或三角形中最大边长最多大于最小边长的倍数等条件的三角形。如果出现 SouthMap 在建立三角网后点无法绘制等高线的情况，可过滤掉部分形状特殊的三角形。另外，如果生成的等高线不光滑，也可以用此功能将不符合要求的三角形过滤掉再生成等高线。

（3）增加三角形。

如果要增加三角形时，可选择"等高线"菜单中的"增加三角形"项，依照屏幕的提示在要增加三角形的地方用鼠标点取，如果点取的地方没有高程点，系统会提示输入高程。

（4）三角形内插点。

选择此命令后，可根据提示输入要插入的点：在三角形中指定点（可输入坐标或用鼠标直接点取），提示"高程（米）="时，输入此点高程。通过此功能可将此点与相邻的三角形顶点相连构成三角形，同时原三角形会自动被删除。

（5）删三角形顶点。

用此功能可将所有由该点生成的三角形删除。因为一个点会与周围很多点构成三角形，如果手动删除三角形，不仅工作量较大而且容易出错。这个功能常用在发现某一点坐标错误时，要将它从三角网中剔除的情况下。

（6）重组三角形。

指定两相邻三角形的公共边，系统自动将两三角形删除，并将两三角形的另两点连接起来构成两个新的三角形，这样做可以改变不合理的三角形连接。如果因两三角形的形状特殊无法重组，会有出错提示。

（7）删三角网。

生成等高线后就不再需要三角网了，这时如果要对等高线进行处理，三角网比较碍事，可以用此功能将整个三角网全部删除。

（8）修改结果存盘。

通过以上命令修改了三角网后，选择"等高线"菜单中的"修改结果存盘"项，把修改后的数字地面模型存盘。这样，绘制的等高线不会内插到修改前的三角形内。

注意：修改了三角网后一定要进行此步操作，否则修改无效！

当命令区显示"存盘结束"时，表明操作成功。

3. 绘制等高线

完成本节的第一、二步准备操作后，便可进行等高线绘制。等高线的绘制可以在绘平面图的基础上叠加，也可以在"新建图形"的状态下绘制。如在"新建图形"状态下绘制等高线，系统会提示您输入绘图比例尺。

用鼠标选择下拉菜单"等高线—绘制等高线"项，弹出如图 4-27 所示对话框：

图 4-27　绘制等高线对话框

对话框中会显示参加生成 DTM 的高程点的最小高程和最大高程。如果只生成单条等高线，那么就在单条等高线高程中输入此条等高线的高程；如果生成多条等高线，则在等高距框中输入相邻两条等高线之间的等高距。最后选择等高线的拟合方式。总共有四种拟合方式：不拟合（折线）、张力样条拟合、三次 B 样条拟合和 SPLINE 拟合。观察等高线效果时，可输入较大等高距并选择不光滑，以加快速度。如选拟合方法 2，则拟合步距以 2 m 为宜，但这时生成的等高线数据量比较大，速度会稍慢。测点较密或等高线较密时，最好选择光滑方法 3，也可选择不光滑，过后再用"批量拟合"功能对等高线进行拟合。选择 4 则用标准 SPLINE 样条曲线来绘制等高线，提示请输入样条曲线容差：<0.0>容差是曲线偏离理论点的允许差值，可直接回车。SPLINE 线的优点在于即使其被断开后仍然是样条曲线，可以进行后续编辑修改，缺点是较选项 3 容易发生线条交叉现象。

当命令区显示"绘制完成！"便完成绘制等高线的工作如图 4-28 所示。

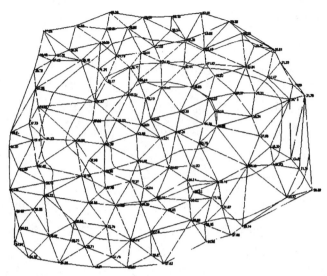

图 4-28　完成绘制等高线的工作

4. 等高线的修饰

（1）注记等高线。

用"窗口缩放"项得到局部放大图如图 4-29，再选择"等高线"下拉菜单之"等高线注记"的"单个高程注记"项。

命令区提示：

选择需注记的等高（深）线：移动鼠标至要注记高程的等高线位置，如图 4-29 之位置 A，按左键；

依法线方向指定相邻一条等高（深）线：移动鼠标至如图 4-29 之等高线位置 B，按左键。

等高线的高程值即自动注记在 A 处，且字头朝 B 处。

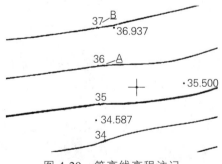

图 4-29　等高线高程注记

（2）等高线修剪。

左键点击"等高线/等高线修剪/批量修剪等高线"，弹出如图 4-30 所示对话框：

首先选择是消隐还是修剪等高线，然后选择是整图处理还是手工选择需要修剪的等高线，最后选择地物和注记符号，单击确定后会根据输入的条件修剪等高线。

等高线修剪

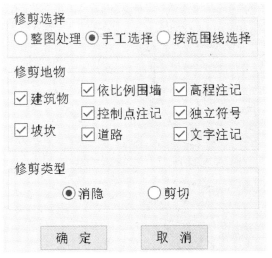

图 4-30　等高线修剪对话框

（3）切除指定二线间等高线。

命令区提示：

选择第一条线：用鼠标指定一条线，例如选择公路的一边。

选择第二条线：用鼠标指定第二条线，例如选择公路的另一边。

程序将自动切除等高线穿过此二线间的部分。

（4）切除指定区域内等高线。

选择一封闭复合线，系统将该复合线内所有等高线切除。注意，封闭区域的边界一定要是复合线，如果不是，系统将无法处理。

5. 等高线注记

此功能可在很大程度上给绘制好等高线的图形文件"减肥"。一般的等高线都是用样条拟合的，这时虽然从图上看出来的节点数很少，但事实却并非如此。以高程为 38 的等高线为例说明，如图 4-31 所示：

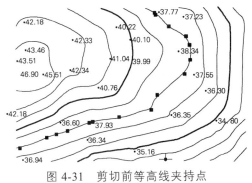

图 4-31　剪切前等高线夹持点

选中等高线，你会发现图上出现了一些夹持点，千万不要认为这些点就是这条等高线上实际的点。这些只是样条的锚点。要还原它的真面目，请做下面的操作：

用"等高线"菜单下的"切除穿高程注记等高线"，然后看结果，如图4-32。

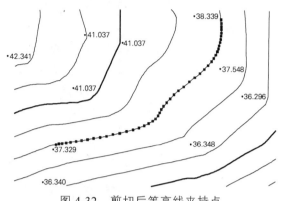

图 4-32　剪切后等高线夹持点

这时，在等高线上出现了密布的夹持点，这些点才是这条等高线真正的特征点，所以如果你看到一个很简单的图在生成了等高线后变得非常大，原因就在这里。如果你想将这幅图的尺寸变小，用"等值线滤波"功能就可以了。执行此功能后，系统提示如下：

请输入滤波阈值：<0.5米>这个值越大，精简的程度就越大，但是会导致等高线失真（即变形），因此，用户可根据实际需要选择合适的值。一般选系统默认的值就可以了。

6. 绘制三维模型

建立了DTM之后，就可以生成三维模型，观察一下立体效果。

移动鼠标至"等高线"项，按左键，出现下拉菜单。然后移动鼠标至"绘制三维模型"项，按左键，命令区提示：

输入高程乘系数<1.0>：输入5。

如果用默认值，建成的三维模型与实际情况一致。如果测区内的地势较为平坦，可以输入较大的值，将地形的起伏状态放大。因本图坡度变化不大，输入高程乘系数将其夸张显示。

是否拟合？（1）是（2）否 <1>回车，默认选1，拟合。

这时将显示此数据文件的三维模型，如图4-33。

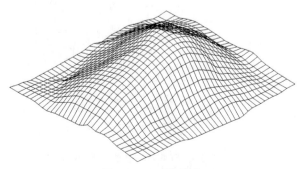

图 4-33　三维效果

另外利用"低级着色方式""高级着色方式"功能还可对三维模型进行渲染等操作，利用"显示"菜单下的"三维静态显示"的功能可以转换角度、视点、坐标轴，利用"显示"菜单下的"三维动态显示"功能可以绘出更高级的三维动态效果。

1．认识等高线

等高线指的是地形图上高度相等的相邻各点所连成的闭合曲线。把地面上海拔高度相同的点连成的闭合曲线，并垂直投影到一个水平面上，并按比例缩绘在图纸上，就得到等高线。等高线也可以看作是不同海拔高度的水平面与实际地面的交线，所以等高线是闭合曲线。在等高线上标注的数字为该等高线的海拔。

2．等高线特点

（1）位于同一等高线上的地面点，海拔高度相同。但海拔高度相同的点不一定位于同一条等高线上。

（2）在同一幅图内，除了陡崖以外，不同高程的等高线不能相交。

（3）在图廓内相邻等高线的高差一般是相同的，因此地面坡度与等高线之间的等高线平距成反比，等高线平距愈小，等高线排列越密，说明地面坡度越大；等高线平距愈大，等高线排列越稀，则说明地面坡度愈小。

（4）等高线是一条闭合的曲线，如果不能在同一幅内闭合，则必在相邻或者其他图幅内闭合。

（5）等高线经过山脊或山谷时改变方向，因此，山脊线或者山谷线应垂直于等高线转折点处的切线，即等高线与山脊线或者山谷线正交。

使用 SouthMap 软件，运用样例数据或野外采集数据地形等高线绘制。

考核评价

1. 任务考核

表4-9 任务4-3考核

考核内容			考核评分		
项目	内　容	配分	得分	批注	
课前（20%）	能够正确理解工作任务4-3内容、范围及工作指令。	10			
	能够查阅和理解技术规范，了解主要地物图式的技术标准及要求。	5			
	确认设备及素材，检查其是否正常工作。	5			
课中（50%）	正确辨识工作任务所需的软件和素材。	10			
	正确检查软件和素材是否正确，完整。	10			
	正确选用工具进行规范操作，完成地形地貌采集。	10			
	正确掌握等高线绘制方法。	10			
	安全无事故并在规定时间内完成任务。	10			
课后（30%）	熟练主要地形地貌采集方式，提升动手能力。	15			
	根据野外采集的数据绘制等高线。	10			
	按照工作程序，填写完成作业单。	5			
考核评语	考核人员：　　　　日期：　　年　月　日	考核成绩			

2. 任务评价

表4-10 任务4-3评价

评价项目	评价内容	评价成绩	备注
工作准备	任务领会、资讯查询、素材准备	□A □B □C □D □E	
知识储备	系统认知、知识学习、技术参数	□A □B □C □D □E	
计划决策	任务分析、任务流程、实施方案	□A □B □C □D □E	
任务实施	专业能力、沟通能力、实施结果	□A □B □C □D □E	
职业道德	纪律素养、安全卫生、积极性	□A □B □C □D □E	
其他评价			
导师签字：　　　　　　　　　日期：　　　　年　月　日			

注：在选项"□"里打"√"，其中A为90~100分；B为80~89分；C为70~79分；D为60~69分；
　　E为不合格。

任务 4-4　地形图的编辑与整饰

 任务目标

使用 SouthMap 进行地形图的编辑与整饰。

 任务描述

在大比例尺数字测图的过程中，由于实际地形、地物的复杂性，漏测、错测是难以避免的，这时必须要有一套功能强大的图形编辑系统，对所测地图进行屏幕显示和人机交互图形编辑，在保证精度情况下消除相互矛盾的地形、地物，对于漏测或错测的部分，及时进行外业补测或重测。另外，对于地图上的许多文字注记说明，如：道路、河流、街道等也是很重要的。

图形编辑的另一重要用途是对大比例尺数字化地图的更新，可以借助人机交互图形编辑，根据实测坐标和实地变化情况，随时对地图的地形、地物进行增加或删除、修改等，以保证地图具有很好的现势性。

 任务分析

对于图形的编辑，SouthMap 提供"编辑"和"地物编辑"两种下拉菜单。其中，"编辑"是由 CAD 软件提供的编辑功能：图元编辑、删除、断开、延伸、修剪、移动、旋转、比例缩放、复制、偏移拷贝等，"地物编辑"是由南方 SouthMap 系统提供的对地物编辑功能：线型换向、植被填充、土质填充、批量删剪、批量缩放、窗口内的图形存盘、多边形内图形存盘等。

1. 材料准备

本次任务所需设备及素材如表 4-11 所示。

表 4-11　任务 4-4 设备及材料清单

序号	元件名称	规　格	数　量
1	计算机	台式电脑或笔记本电脑	1 台
2	CAD	CAD 适配软件	1 套
3	SouthMap	SouthMap 适配软件	1 套
4	样例数据	相关数据	1 套

2. 安全事项

（1）作业前检查数据是否完整。

（2）作业前检查软件是否可用。

1. 图形重构

通过右侧屏幕菜单绘出一面围墙、一块菜地、一条电力线、一个自然斜坡，如图 4-34。

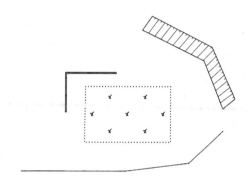

图 4-34　作出几种地物

SouthMap4.0 以来都设计了骨架线的概念，复杂地物的主线一般都是有独立编码的骨架线。用鼠标左键点取骨架线，再点取显示蓝色方框的结点使其变红，移动到其他位置，或者将骨架线移动位置，效果如图 4-35。

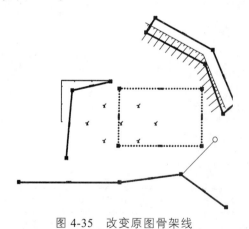

图 4-35　改变原图骨架线

将鼠标移至"地物编辑"菜单项，按左键，选择"图形重构"功能（也可选择左侧工具条的"图形重构"按钮），命令区提示：

选择需重构的实体：<重构所有实体>回车表示对所有实体进行重构功能。

此时，原图转化为图 4-36。

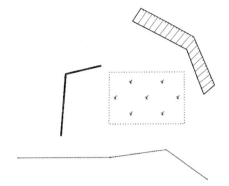

图 4-36 对改变骨架线的实体进行图形重构

2. 改变比例尺

将鼠标移至"文件"菜单项,按左键,选择"打开已有图形"功能,在弹出的窗口中输入"C:\SouthMap\DEMO\示例地形.DWG",将鼠标移至"打开"按钮,按左键,屏幕上将显示"例图示例地形.DWG",如图 4-37 所示。

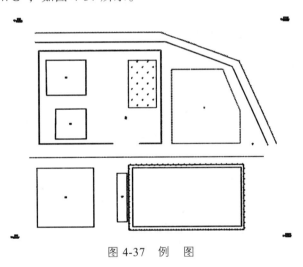

图 4-37 例 图

将鼠标移至菜单"绘图处理—改变当前图形比例尺"项,命令区提示:

当前比例尺为 1∶500

输入新比例尺<1∶500> 1∶ 输入要求转换的比例尺,例如输入 1000。

这时屏幕显示的 STUDY.DWG 图就转变为 1∶1000 的比例尺,各种地物包括注记、填充符号都已按 1∶1000 的图示要求进行转变。

3. 查看及加入实体编码

将鼠标移至"数据处理"菜单项,点击左键,弹出下拉菜单,选择"查看实体编码"项,命令区提示:选择图形实体,鼠标变成一个方框,选择图形,则屏幕弹出如图 4-38 属性信息,或直接将鼠标移至多点房屋的线上,则屏幕自动出现该地物属性,如图 4-39 所示。

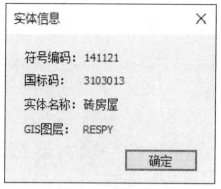

图 4-38　查看实体编码

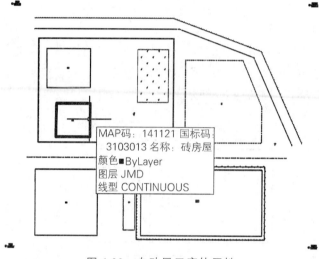

图 4-39　自动显示实体属性

将鼠标移至"数据处理"菜单项，点击左键，弹出下拉菜单，选择"加入实体编码"项，命令区提示：

输入代码（C）/<选择已有地物>鼠标变成一个方框，这时选择下侧的陡坎。

选择要加属性的实体：

选择对象：用鼠标的方框选择多点房屋。

这时原图变为图 4-40 所示。

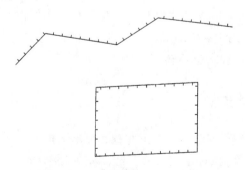

图 4-40　通过加入实体编码变换图形

在第一步提示时，也可以直接输入编码（此例中输入未加固陡坎的编码 204201），这样在下一步中选择的实体将转换成编码为 204201 的未加固陡坎。

4. 线型换向

通过右侧屏幕菜单绘出未加固陡坎、加固斜坡、依比例围墙、栅栏各一个，如图 4-41 所示。

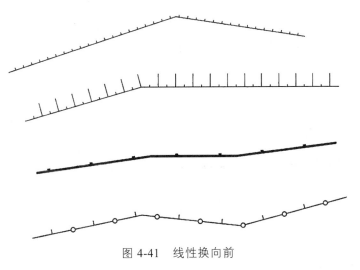

图 4-41　线性换向前

将鼠标移至"地物编辑"菜单项，点击左键，弹出下拉菜单，选择"线型换向"，命令区提示：

请选择实体然后，将转换为小方框的鼠标光标移至未加固陡坎的母线，点击左键。

这样，该条未加固陡坎即转变了坎的方向。以同样的方法选择"线型换向"命令（或在工作区点击鼠标右键重复上一条命令），点击栅栏、加固陡坎的母线，以及依比例围墙的骨架线（显示黑色的线），完成换向功能。结果如图 4-42 所示。

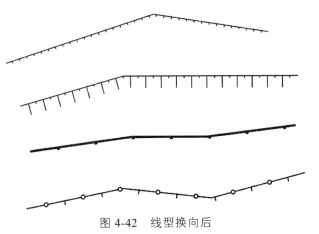

图 4-42　线型换向后

5. 坎高的编辑

通过右侧屏幕菜单的"地貌土质"项绘一条未加固陡坎，在命令区提示输入坎高：（米）<1.000>时，回车默认 1 米。

将鼠标移至"地物编辑"菜单项，点击左键，弹出下拉菜单，选择"修改坎高"，则在陡坎的第一个结点处出现一个十字丝，命令区提示：

选择陡坎线

请选择修改坎高方式：（1）逐个修改（2）统一修改 <1>

当前坎高=1.000 米，输入新坎高<默认当前值>：输入新值，回车（或直接回车默认 1 米）。

十字丝跳至下一个结点，命令区提示：

当前坎高=1.000 米，输入新坎高<默认当前值>：输入新值，回车（或直接回车默认 1 米）。

如此重复，直至最后一个结点结束。这样便将坎上每个测量点的坎高进行了更改。

若选择修改坎高方式中选择 2，则提示：

请输入修改后的统一坎高：<1.000>输入要修改的目标坎高则将该陡坎的高程改为同一个值。

6. 图形分幅

在图形分幅前，您应作好分幅的准备工作。您应了解您图形数据文件中的最小坐标和最大坐标。注意：在 SouthMap 下侧信息栏显示的数学坐标和测量坐标是相反的，即 SouthMap 系统中前面的数为 Y 坐标（东方向），后面的数为 X 坐标（北方向）。

将鼠标移至"绘图处理"菜单项，点击左键，弹出下拉菜单，选择"批量分幅/建方格网"，命令区提示：

请选择图幅尺寸：（1）50*50（2）50*40（3）自定义尺寸<1>按要求选择。此处直接回车默认选 1。

输入测区一角：在图形左下角点击左键。

输入测区另一角：在图形右上角点击左键。

这样在所设目录下就产生了各个分幅图，自动以各个分幅图的左下角的东坐标和北坐标结合起来命名，如："29.50-39.50""29.50-40.00"等。如果要求输入分幅图目录名时直接回车，则各个分幅图自动保存在安装了 SouthMap 的驱动器的根目录下。

选择"绘图处理/批量分幅/批量输出到文件"，在弹出的对话框中确定输出的图幅的存储目录名，然后确定即可批量输出图形到指定的目录。

7. 图幅整饰

把图形分幅时所保存的图形打开，选择"文件"的"打开已有图形…"项，在对话框中输入"SOUTH1.DWG"文件名,确认后"SOUTH1.DWG"图形即被打开,如图 4-43 所示。

图 4-43　打开 SOUTH1.DWG 的平面图

　　选择"绘图处理"中"标准图幅（50 cm×50 cm）"项显示如图 4-44 所示的对话框。输入图幅的名字、邻近图名、批注,在左下角坐标的"东""北"栏内输入相应坐标,例如此处输入 40 000,30 000,回车。在"删除图框外实体"前打勾则可删除图框外实体,按实际要求选择,例如此处选择打钩。最后用鼠标单击"确定"按钮即可。

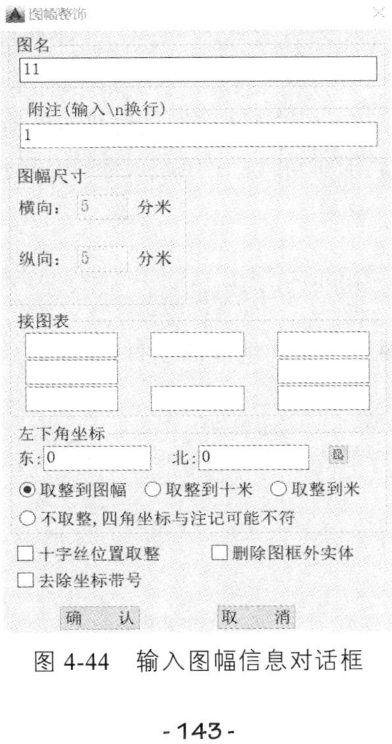

图 4-44　输入图幅信息对话框

因为 SouthMap 系统所采用的坐标系统是测量坐标，即 1∶1 的真坐标，加入 50 cm × 50 cm 图廓后如图 4-45 所示。

图 4-45　加入图廓的平面图

技术知识

在大比例尺数字测图的过程中，由于实际地形、地物的复杂性，漏测、错测是难以避免的，这时必须要有一套功能强大的图形编辑系统，对所测地图进行屏幕显示和人机交互图形编辑，在保证精度情况下消除互相矛盾的地形、地物，对于漏测或错测的部分，及时进行外业补测或重测。

图形编辑的另一重要用途是对大比例尺数字化地图的更新，可以借助人机交互图形编辑，根据实测坐标和实地变化情况，随时对地图的地形、地物进行增加和删除、修改等，以保证地图具有很好的现实性。

工作拓展

使用 SouthMap 软件完成对已绘制的地形图进行编辑和整饰。

1．任务考核

表 4-12　任务 4-4 考核

考核内容			考核评分		
项目	内　容		配分	得分	批注
课前（20%）	能够正确理解工作任务 4-4 内容、范围及工作指令		10		
	能够查阅和理解技术规范，了解主要地物图式的技术标准及要求		5		
	确认设备，检查其是否正常工作		5		
课中（50%）	正确辨识工作任务所需的软件和素材。		10		
	正确检查软件和素材是否正确，完整		10		
	正确选用工具进行规范操作，完成地形图编辑和整饰		20		
	安全无事故并在规定时间内完成任务。		10		
课后（30%）	熟练掌握地形图绘制方法，提升动手能力		15		
	完成指定地形图的编辑和整饰工作。		10		
	按照工作程序，填写完成作业单。		5		
考核评语	考核人员：　　　　　日期：　　年　月　日		考核成绩		

2．任务评价

表 4-13　任务 4-4 评价

评价项目	评价内容	评价成绩	备注
工作准备	任务领会、资讯查询、素材准备	□A □B □C □D □E	
知识储备	系统认知、知识学习、技术参数	□A □B □C □D □E	
计划决策	任务分析、任务流程、实施方案	□A □B □C □D □E	
任务实施	专业能力、沟通能力、实施结果	□A □B □C □D □E	
职业道德	纪律素养、安全卫生、积极性	□A □B □C □D □E	
其他评价			
导师签字：　　　　　　　　　　　　日期：　　　　年　月　日			

注：在选项"□"里打"√"，其中 A 为 90～100 分；B 为 80～89 分；C 为 70～79 分；D 为 60～69 分；E 为不合格。

任务 4-5　数字地形图的输出

 任务目标

利用 SouthMap 软件对绘制好的数字地形图进行输出。

 任务描述

　数字地形图的输出是地形图绘制中一项重要工作，需要非常熟练掌握。地形图的输出工作是绘制地形图的最后一项工作，本节任务是学习如何通过 SouthMap 软件完成地形图的输出，增加学生对 SouthMap 功能的了解和使用。

 任务分析

　用典型的例子学习数字地形图的输出方法，学会数字地形图的输出的方法和步骤。

工作准备

1. 材料准备

SouthMap 绘制等高线需准备计算机、SouthMap 相关软件、样例数据等，如表 4-14 所示。

表 4-14　任务 4-5 设备及材料清单

序号	元件名称	规　格	数　量
1	计算机	台式电脑或笔记本电脑	1 台
2	CAD	CAD 适配软件	1 套
3	SouthMap	SouthMap 适配软件	1 套
4	样例数据	已绘制的地形图等	1 套

2. 安全事项

（1）作业前检查数据是否完整。
（2）作业前检查软件是否可用。

1. 普通选项

开始，选择"文件（F）"菜单下的"绘图输出"项，进入"打印"对话框（图 4-46）。

图 4-46　打印机对话框

1）设置"打印机/绘图仪"框

首先，在"打印机配置"框中的"名称（M）:"一栏中选相应的打印机，然后单击"特性"按钮，进入"打印机配置编辑器"

（1）在"端口"选项卡中选取"打印到下列端口（P）"单选按钮并选择相应的端口，如图 4-47 所示。

图 4-47　打印机配置编辑器端口设置

（2）在"设备和文档设置"选项卡（图 4-48）中，按以下步骤操作。

图 4-48　打印机配置编辑器设备和文档设置

① 选择"用户定义图纸尺寸与标准"分支选项（图 4-49）下的"自定义图纸尺寸"。在下方的"自定义图纸尺寸"框中单击"添加"按钮，添加一个自定义图纸尺寸。

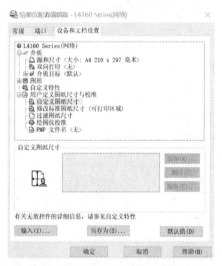

图 4-49　打印机配置自定义图纸尺寸

　　a. 进入"自定义图纸尺寸—开始"窗，点选"创建新图纸"单选框，单击"下一步"按钮；

　　b. 进入"自定义图纸尺寸—介质边界"窗，设置单位和相应的图纸尺寸，单击"下一步"按钮；

　　c. 进入"自定义图纸尺寸—可打印区域"窗，设置相应的图纸边距，单击"下一步"按钮；

　　d. 进入"自定义图纸尺寸—图纸尺寸名"，输入一个图纸名，单击"下一步"按钮；

　　e. 进入"自定义图纸尺寸—完成"，单击"打印测试页"按钮，打印一张测试页，检查是否合格，然后单击"完成"按钮。

② 选择"介质"分支选项下的"源和大小<…>"。在下方的"介质源和大小"框中的"大小（Z）"栏中选择的以定义过的图纸尺寸。

③ 选择"图形"分支选项下的"矢量图形<…><…>"。在"分辨率和颜色深度"框中，把"颜色深度"框里的单选按钮框置为"单色（M）"，然后，把下拉列表的值设置为"2 级灰度"，单击最下面的"确定"按钮。这时，出现"修改打印机配置文件"窗，在窗中选择"将修改保存到下列文件"单选钮。最后单击"确定"完成。

2）设置其他参数

（1）把"图纸尺寸"框中的"图纸尺寸"下拉列表的值设置为先前创建的图纸尺寸设置。

（2）把"打印区域"框中的下拉列表的值置为"窗口"，下拉框旁边会出现按钮"窗口"，单击"窗口（O）<"按钮，鼠标指定打印窗口。

（3）把"打印比例"框中的"比例（S）:"下拉列表选项设置为"自定义"，在"自定义:"文本框中输入"1"毫米="0.5"图形单位（1∶500 的图为"0.5"图形单位；1∶1000 的图为"1"图形单位，依此类推。）。

2. 更多选项

点击"打印"对话框右下角的按钮"　"，展开更多选项，如图 4-50。

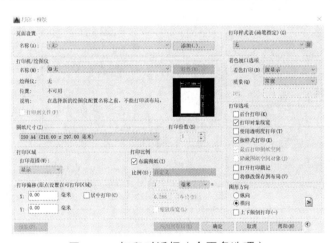

图 4-50　打印对话框（含更多选项）

（1）在"打印样式表（笔指定）"框中把下拉列表框中的值置为"monochrom.cth"打印列表（打印黑白图）。

（2）在"图形方向"框中选择相应的选项。

3. 打　印

单击"预览（P）…"按钮对打印效果进行预览，最后单击"确定"按钮打印。

根据上述操作方式，将野外采集的数据运用 SouthMap 绘制好数字地形图并进行输出。

1. 任务考核

表4-15　任务4-5考核

考核内容			考核评分		
项目	内　容		配分	得分	批注
课前（20%）	能够正确理解工作任务4-5内容、范围及工作指令		10		
	能够查阅和理解技术规范，了解主要地物图式的技术标准及要求		5		
	确认设备及素材，检查其是否正常工作		5		
课中（50%）	正确辨识工作任务所需的软件和素材		10		
	正确检查软件和素材是否正确，完整		10		
	正确选用工具进行规范操作，完成数字地形图的输出		20		
	安全无事故并在规定时间内完成任务		10		
课后（30%）	熟练主要地形地貌采集方式，提升动手能力		15		
	对已经画好的地形图进行输出		10		
	按照工作程序，填写完成作业单		5		
考核评语	考核人员：　　　　日期：　　年　月　日		考核成绩		

2. 任务评价

表4-16　任务4-5评价

评价项目	评价内容	评价成绩	备注
工作准备	任务领会、资讯查询、安装包准备	□A □B □C □D □E	
知识储备	基础知识、技术参数	□A □B □C □D □E	
计划决策	任务分析、任务流程、实施方案	□A □B □C □D □E	
任务实施	专业能力、沟通能力、实施结果	□A □B □C □D □E	
职业道德	纪律素养、安全卫生、积极性	□A □B □C □D □E	
其他评价			
导师签字：		日期：　　　　年　月　日	

注：在选项"□"里打"√"，其中A为90～100分；B为80～89分；C为70～79分；D为60～69分；
　　E为不合格。

项目小结

本项目简要介绍了 SouthMap 软件的安装及平面图形绘制方法，需要成功安装 CAD、SouthMap 等软件，版本必须适配。大比例尺数字地形图绘制是数字化测图中的关键，直接关系到最终数据成果的质量。本章从数据传输出发，使用 SouthMap 软件重点讲解了平面图的绘制方法、等高线的绘制方法、地形图的编辑与整饰和数字地形图的输出。本章内容是数字化测图内业的基础内容，必须在机房中进行实操讲解，现场演练。

项目要点：熟练掌握 CAD、SouthMap 软件的安装。熟悉 SouthMap 软件的使用，熟悉基本的地物地形地貌绘制方法。熟悉如何查阅地形图图式。

项目评价

在本项目教学和实施过程中，教师和学生可以根据以下项目考核评价表对各项任务进行考核评价。考核主要针对学生在技术知识、任务实施（技能情况）、拓展任务（实战训练）的掌握程度和完成效果进行评价。

表 4-17　项目 4 评价

工作任务	评价内容									
	技术知识		任务实施		拓展任务		完成效果		总体评价	
	个人评价	教师评价	个人评价	教师评价	个人评价	教师评价	个人评价	教师评价	个人评价	教师评价
任务 4-1										
任务 4-2										
任务 4-3										
任务 4-4										
任务 4-5										
存在问题与解决办法（应对策略）										
学习心得与体会分享										

一、实训题

1. 在计算机上安装并配置好 CAD、SouthMap 等软件。

2. 使用 SouthMap 根据野外采集的数据绘制地物地形图，进行编辑整饰并输出。

二、讨论题

1. 利用 SouthMap 绘制数字地形图的方法主要有哪些？

2. 简述 SouthMap 坐标定位法绘制数字平面图的操作流程。

3. 如何绘制等高线，并进行等高线的修饰？

4. 图形编辑与整饰的主要内容有哪些？

项目 5 数字测图检查验收与技术总结

- 掌握大比例尺数字地形图检查验收的工作流程、验收内容及方法。
- 掌握大比例尺数字地形图测图的质量评定方法。
- 了解技术总结与验收总结编写格式及要求。

- 会利用 SouthMap 软件完成数字测图产品质量内业检查。
- 能够利用测量仪器设备完成数字测图产品质量外业检查。
- 能够完成大比例尺数字地形图测图的质量评定表。
- 能够规范撰写数字测图项目技术总结。
- 能够规范撰写数字测图项目检验报告和验收报告。

- 能正确应用国家法律法规、国家和行业的相关规范，作风严谨。
- 培养精益求精的工匠精神。

- 任务 5-1 数字地形图产品质量检查
- 任务 5-2 数字测图产品验收
- 任务 5-3 数字测图技术总结

任务 5-1　数字地形图产品质量检查

 任务要求

 任务目标

掌握数字测图产品质量检查的内容和方法。

 任务描述

大比例尺数字地形图测绘是一项作业环境复杂、工序多、精度高的系统工程，为了保证成图质量，在外业数据采集和内业数据处理成图后，必须进行数字测图成果的检查验收。

因此，本任务根据测绘成果检查验收的规程，让学生掌握大比例尺地形图检查验收工作内容、要求和方法，提高学生实际操作能力，达到学以致用，进一步加强理解，深化和巩固数字测图产品质量意识。

 任务分析

检查验收工作需相关人员具有精益求精的工作态度，具备有章可循、违章必究的责任意识。该工作按照技术规范的要求建立成果质量检查验收体系，制定各个生产环节的验收标准，成果质量评定体系，将检查验收工作渗透到每个生产环节，保证测绘成果的质量。

本任务根据提供的测区地形图，利用仪器设备到实地检查，并完成各项检查表格的填写和计算。同时根据提供的质检样图及外业数据，通过计算相应的质量问题和数学精度，掌握质量检查的内容和方法。

工作准备

1．材料准备

数字测图产品质量检查需要准备好相关资料，如表 5-1 所示。

表 5-1　任务 5-1 设备及材料清单

序号	元件名称	规　格	数　量
1	计算机	台式电脑或笔记本电脑	1 台
2	Office	Office 适配软件	1 套
3	质检样图	质检样图数据	1 套
4	SouthMap 软件	SouthMap 适配软件	1 套
5	测量仪器设备	全站仪及其配套测量仪器、钢尺、手持测距仪、GNSS-RTK 配套测量仪器	1 套
6	数字测图质量检查规范	《测绘成果质量检查与验收》（GB/T 24356—2023）	1 本

2．注意事项

（1）作业前请检查计算机系统 Windows 7 及以上。
（2）检查 Office 相适配的软件安装包。
（3）作业前请检查相关数据资料是否完整。

任务实施

1．数字地形图产品概查

以小组为单位，打开提供的质检样图，按照数字地形图产品概查检查内容和方法，按要求逐项检查，并将检查结果录入表 5-2 中。

表 5-2　概查质量错漏记录

检查项目	错漏类型		存在的错漏问题描述
	A	B	
使用的仪器			
成图范围、区域			
基本等高距			
图幅分幅、编号			
测图控制			

大比例尺数字地形图总体检查的主要检查项有：使用的仪器，成图范围、区域，基本等高距，图幅分幅、编号和测图控制等。具体检查内容和方法如下：

1）使用的仪器

仪器的标称精度需满足测量精度要求，仪器、标尺计量检定和检验项目齐全、检验合规。

2）成图范围、区域

数字地形图成图范围、区域符合生产合同、技术设计、图幅结合表等要求，测图区域无漏测，自由图边测绘符合要求。

3）基本等高距

基本等高距的选用符合规范、技术设计等相关资料。

4）图幅分幅、编号

图幅分幅，图幅编号应生产合同、技术设计、图幅结合表等要求进行统一编号。

（1）按流水号编号时，要求无漏号，左右上下顺序正确。

（2）按图廓西南角坐标公里数编号时，取位正确，坐标公里数 X、Y 前后次序正确。

（3）按行列编号时，以英文字母为横行代号，以阿拉伯数字为纵列代号的前后顺序正确。

（4）当 1：2000 地形图以 1：5000 地形图为基础分幅时，要求 1：5000 地形图图号、顺序正确。

5）测图控制

测图控制测量主要是依照规范、技术设计等资料，通过内、外业结合方式核查测图控制范围、密度以及图根控制测量施测的正确性和合理性。

测图控制范围的检查一般将控制测量展点图与图幅接合图套合，分析测图控制范围、控制点密度的符合性。当图根控制以规范规定的最大边长进行三次附合，或以规范规定的最大边长进行三次逐级支点都无法满足测图要求时，认定测图控制范围覆盖区域不符合，反之符合。

图根点密度合理性检查应根据测图比例尺和地形条件确定，当图根控制点密度未达到技术设计或规范规定的要求，或图根点错漏密度分布不合理无法满足测图要求时，认定图根点密度不符合。

图根控制测量施测需分析图根控制平面及高程测量施测方法、图根点平均边长是否符合规定。采用图根导线施测图根点，检查各级图根导线的附合次数。采用电磁波测距极坐标法布点加密图根点，边长不宜超过定向边长的 3 倍；且所测的图根点不应再行发展，一幅图中用此法布设的点不应超过图根点总数的 30%。对于擅自更改图根控制的技术手段，造成测图困难，影响成图精度的情况，认定图根控制测量施测不符合。

2. 数字地形图产品详查

以小组为单位，打开提供的质检样图，按照数字地形图产品详查检查内容和方法，按要求逐项检查，并将检查结果录入质量记录表中。

详查是对单位成果质量要求的全部检查项进行的检查。大比例尺数字地形图详查的内容主要包括数学精度、数据及结构正确性、地理精度、整饰质量、附件质量 5 个质量元素。

1）数学精度检查

数学精度质量元素包含数学基础、平面精度和高程精度 3 个质量子元素。数学精度查验中出现的错漏均属于 A 类错漏。

（1）数学基础检查。

数学基础检查控制网平差报告、技术设计等相关技术资料，分析项目采用的坐标系统、高程系统是否正确，等级是否合理，平面或高程起算点选取的合理性和起始数据的正确性；外业观测是否规范；各类投影计算是否有误；图根控制测量精度是否超限等。

控制测量精度检查是依照规范、技术设计，核查观测数据、计算数据等图根控制资料，分析检查图根控制测量观测质量的符合性、计算的正确性。控制测量精度的检查可采用核查分析、对比分析的方法进行检查，也可利用 GNSS-RTK 测量或全站仪导线测量方法进行施测检测。施测精度等级应不低于原测精度等级。

图廓点、首末公里网线、经纬网线交点、控制点坐标的检查是在计算机上将理论值与实际值进行比对分析。

（2）平面精度和高程精度检查。

① 检测点选择的一般规定。

数字地形图的检测点应该是均匀分布、随机选取的明显地物点，对样本进行全面检查。检测点数量视地物复杂程度、比例尺等情况确定，每个样本图幅一般有 20 ~ 50 个平面检测点。

② 数学精度统计一般规定。

精度统计是将实地采集的地物、地形要素的坐标或距离在计算机上采集的相应点的坐标和间距进行比较而统计出平面精度。精度统计按单位成果进行。当检测点（边）数量小于 20 时，以误差的算术平均值代替中误差；当数量大于等于 20 时，按中误差统计。

高精度检测时，在允许中误差 2 倍以内（含 2 倍）的误差值均应参与精度统计，超过允许中误差 2 倍的误差视为粗差。高精度检测中误差计算按式（5-1）执行。

$$M = \pm\sqrt{\frac{\sum\limits_{i=1}^{n} \varDelta_i^2}{n}} \qquad\qquad (5\text{-}1)$$

式中：M——成果中误差；

$\quad n$——检测点（边）数量；

$\quad \varDelta_i$——较差。

同精度检测时，在允许中误差 $2\sqrt{2}$ 倍以内（含 $2\sqrt{2}$ 倍）的误差值均应参与精度统计，超过允许中误差 $2\sqrt{2}$ 倍的误差视为粗差。同精度检测中误差计算按式（5-2）执行。

$$M = \pm\sqrt{\frac{\sum\limits_{i=1}^{n} \varDelta_i^2}{2n}} \qquad\qquad (5\text{-}2)$$

式中：M——成果中误差；

$\quad n$——检测点（边）数量；

$\quad \varDelta_i$——较差。

当粗差率大于 5% 时，判定精度不合格，当粗差率小于或等于 5% 时，粗差数量计入位置精度的几何位移错漏数。

③ 同精度地物点平面精度中误差检测计算。

地物点的平面位置中误差统计利用采集的检测点平面坐标与成果中同名点位比较，按式（5-1）或式（5-2）计算出平面精度。

检测点平面坐标获取可采用外业实测法或已有成果比对法。地物检测点主要选择独立地物点、线状地物交叉点、地物明显的角点与拐点等，如路灯、房角点、道路拐点等。若需要利用被检项目图根控制成果，应先核查所需的图根点精度。当图根控制成果不能满足检测需要时，在符合相关规范和技术要求的基础上，在等级控制点基础上布设检测控制点。

以小组为单位，通过全站仪及配套测量器材，按照同精度检测方法，复测 20 ~ 30 个地物点的检测坐标及质检样图图面的原坐标来计算精度。

目前一些地形测量软件具备平面精度检查统计功能，以 SouthMap 中操作为例，具体操作如下：

点击菜单"检查入库点位误差检查"，弹出如图 5-1 所示对话框。

图 5-1　点位误差检查

点击 **＋** 图标，添加一条检测记录；

点击 **－** 图标，删除一条检测记录；

点击 "检核"按钮，点击 图标，在图纸上拾取检核点坐标，自动填入对应记录中；检核点坐标也可手动输入；

点击 "观测"按钮，点击 图标，在图纸上拾取观测点坐标，自动填入对应记录中；观测点坐标也可手动输入；

地物检测点输入结束，点击"计算"按钮，可得到点位中误差，如图 5-2 所示。

图 5-2　点位误差检查

点击  按钮，将计算结果存盘保存。

④ 同精度平面相对位置中误差检测计算。

平面相对位置中误差统计利用采集的检测边与成果中同名边比较，按式（5-1）或式（5-2）计算出相对位置精度。

检测边选择独立地物点、线状地物交叉点、地物明显的角点或拐点等明显地物点间距。同一地物点相关检测边不能超过 2 条。

以小组为单位，通过钢尺或手持测距仪，按照同精度检测方法，复测 20 ~ 30 个地物点的检测边长及质检图的图面反算边长来计算其精度。

目前一些地形测量软件具备平面精度检查统计功能，以 SouthMap 中操作为例，具体操作如下：

点击菜单"检查入库—边长误差检查"，弹出如图 5-3 所示对话框。

图 5-3　边长误差检查

相关操作参照同精度地物点平面精度中误差检测计算操作。

⑤ 同精度检测高程中误差计算。

高程精度检查包括等高距检查、高程注记点和等高线高程中误差的检查。在计算机上对数字化地形图的等高线绘制、高程注记及其图层放置情况进行检查。

a. 等高距检查方法。

等高距检查是通过数字地形成果图上绘制的等高线计算出地面坡度和图幅高差，核查分析等高距是否符合相关技术要求。

b. 高程注记点和等高线高程中误差的检测方法。

高程中误差统计有两种方法，一是利用采集的检测点与成果中同名高程注记点高程值进行比较，二是采集的检测点与检测点邻近等高线内插计算出的相应点的高程值进行比较，按式（5-1）或式（5-2）计算出高程精度。

高程检测点高程值获取方式有两种：

外业实测——利用不低于原图精度的作业方法和仪器设备对已测地物、地形点实测获取高程值；对于图根控制点可采用三角高程或水准测量方式同时沿线检测高程点或在生产单位布设的可靠图根水准点上设站检测。

已有成果比较法——利用不低于原图精度的地形图、数字高程模型等成果获取检测点高程。

高程精度检测点数量视地物复杂程度、比例尺等情况确定，每个样本图幅一般选择 20～50 个高程检测点，对于实测图幅每幅不少于 30 个高程点，对于修测图幅，一般按子检验批样本图幅总补测高程点的 50%比例进行检测，当检测高程点仍少于 30 点时，不再评定该子检验批的高程精度。

高程检测点位置应分布均匀，同名高程注记点采集位置应尽量准确，选取实地能准确判读的明显地物点和地貌特征点，避免选择高程急剧变化处；城镇区域内高程注记点重点选取街道中心线、街道交叉中心、建筑物墙基脚和相应的地面、管道检查井、桥面、广场、较大庭院内或空地上等特征点，丘陵山地区域应着重选取重要地形特征点，如山顶、鞍部、山脊、山脚、谷底、谷口、沟底、凹地、台地、河川湖池岸旁和水涯线上等。

以小组为单位，通过全站仪及配套测量器材，按照同精度检测方法，复测 20～30 个地物点的检测高程及质检样图的图面高程来计算其精度，并完成表 5-3。

表 5-3　地物点高程精度检测

序号	点号	图面高程 H'/m	检测高程 H/m	高差较差 ΔH/cm

精度统计（同精度检测）的高程中误差：

2）数据及结构正确性

利用程序自动检查或调用数据核查分析数据及结构的正确性，保证提交的数据文件准确，可利用。

（1）数据组织和属性正确性。

数字地形图文件命名正确，数据组织，数据格式合理，要素分类、属性代码、属性值正确，属性项类型完备，长度、顺序等正确完整，接边数据属性代码一致。

（2）要素分层的正确性。

所有要素分层符合相关规范和技术设计书要求，不能有漏层或错层。

3）地理精度

地理精度检查按照地理实体的分类、分级等语义属性检索，检查地形图全要素分层、代码、属性值正确性和完整性。要求所检的图幅与区域具有代表性，要素齐全，点位唯一，数据准确，统计科学规范。可采用程序自动检查或人机交互利用原图比对分析方式完成。

（1）地理要素完备性、正确性。

实地检查对分析地理要素有无遗漏、重复、多余或错层。

（2）注记的完整性、正确性。

各种注记（如行政名称注记、高程点注记、一般注记）、重要地物（如控制点、房角点等）、地貌符号符合图式规定。

（3）地理要素表达合理性。

地物、地貌各要素主次分明，线条清晰，位置准确，判读容易，同一层或不同层地理要素空间关系表达协调、合理。地形图要素综合取舍符合技术设计和图式规范，表达实地的地理特征准确，地物局部细节和地貌特征无丢失、变形等。对于缩编或缩修产品，遵循"宁舍勿移"原则。

（4）接边精度。

采用人机交互利用程序自动检查或调用相邻图幅比对分析要素接边正确性，检查公共线要素、面要素，要求接边图幅要素齐全、图幅之间无缝接边、空间关系合理、接边要素属性一致、拓扑关系正确、接边方法合理，避免接边生硬。

4）整饰质量

整饰质量检查要求地形图要素要协调，清晰易读。线条光滑、自然、清晰，无抖动、重复现象；符号使用正确、规范、符合地形图图式规定；各种名称注记、说明注记和图例应正确、完整、指向明确，注记要尽量避免压盖重要地物或点状符号；字体样式、大小、颜色、字向、字体单位、地物填充间距等符合地形图图式规定；内图廓外的注记及整饰完整；内图廓线、公里网线、经纬网线的表示符合地形图图式规定，公共图廓边重合；要素采集或更新时间准确，符合现势性要求。

5）附件质量

附件指应随数字测图成果一起提交归档的资料，包括数字地形图生产过程中的参考资料、项目技术设计书、成果资料、检查验收报告、图幅清单等。

附件质量检查要求：图历簿填写正确，能准确反映测绘成果的质量情况；上交的检查报告、技术总结的内容全面、正确，成果资料完整，各类报告、附图、附表、簿册整饰规整，资料装帧规范，无缺失。

表 5-4　数字测图详查质量记录

检查项目	检查类型	存在问题描述
数学精度	数学基础	
	平面坐标	
	边长检查	
	高程检查	
数据及结构正确性	数据组织和属性正确性	
	要素分层的正确性	
地理精度	地理要素完备性、正确性	
	注记完整性、正确性	
	地理要素表达合理性	
	接边精度	
整饰质量	整饰规范性	
附件质量	附件完整性	

技术知识

1. 基本术语

（1）单位成果（item）：为实施检查与验收而划分的基本单位。在测量生产中，导线测量、GNSS 控制测量中以"点"为基本单位；水准测量以"测段"为基本单位；房产成果以"幢"为单位；数字测图产品以"幅"为基本单位。在生产过程中，结合实际生产需要，在同生产委托方、测绘单位协商的情况下也可以以区域、要素类集合、要素类等划分单位成果。

（2）批成果：同一技术设计要求下生产的同一测区的、同一比例尺（或等级）单位成果集合。同一生产单位，当成果中有多个类型、等级的成果时，各自划批。

（3）批量：批成果中单位成果的数量。

（4）质量元素：说明质量的定量、定性组成部分。即成果满足规定要求和使用目的的基本特性，根据成果的内容来确定，并非所有的质量元素适用于所有的成果。如：大比例尺地形图，较多无"数据及结构正确性"；控制点选埋成果检查，仅有点位质量、资料质量，无数据质量。

（5）质量子元素：质量元素的组成部分，描述质量元素的一个特定方面。

（6）检查项：质量子元素的检查内容。说明质量的最小单位，质量检查和评定的最小实施对象。

（7）错漏：检查项的检查结果与要求存在的差异。根据差异的程度，将其分为 A、B、C、D 四类。A 类为严重错漏，B 类为重错漏，C 类为次重错漏，D 类为轻错漏。

（8）缺陷：产品的质量不符合规定的程度。分为轻缺陷、次重缺陷、重缺陷、严重缺陷四类，产品缺陷定义如表 5-5 所示。

表 5-5　产品缺陷定义

名称	定义
轻缺陷	产品的一般质量特性不符合规定，对用户使用有轻微影响；
次重缺陷	产品的较重要质量特性不符合规定，或产品质量特性较严重不符合规定；
重缺陷	产品的重要质量特性不符合规定，或产品质量特性严重不符合规定；
严重缺陷	产品的极重要质量特性不符合规定，或产品质量特性极严重不符合规定，以致不经返工或处理不能提供用户使用。

（9）样本：从检验批中抽取的用于评定批成果质量的单位成果集合。

（10）样本量：样本中单位成果的数量。

（11）全数检查：对批成果中全部单位成果逐一进行的检查。

（12）抽样检查：从批成果中抽取一定数量样本进行的检查。

（13）批质量：单个提交检验批的质量，反映整批测绘产品的质量水平。

除上述术语外，如高精度检测、同精度检测、检验批、简单随机抽样、分层随机抽样等术语概念，参照测绘产品检查验收规定的解释。

2. 检查验收依据

（1）项目任务书、合同书有关质量特性的要求或委托检查、验收文件。

（2）有关法规和技术标准，如：《数字测绘成果质量检查与验收》（GB/T 18316—2008）；《测绘成果质量检查与验收》（GB/T 24356—2023）；《数字测绘成果质量要求》（GB/T 17941—2008）；《全球定位系统 GPS 测量规范》（GB/T 18314—2009）；《工程测量标准》（GB 50026—2020），《1：500 1：1000 1：2000 外业数字测图技术规程》（GB/T 14912—2017）等。

（3）有关技术设计书和技术规定。

（4）其他行业规程、规范。

3. 检查验收制度

数字地形图的成果质量控制与其他测绘成果一样要通过"二级检查、一级验收"的方式进行，即测绘成果实行过程检查、最终检查和验收制度。过程检查由测绘单位作业部门承担、最终检查由测绘单位质量管理部门负责实施，验收工作由生产委托方或其委托具有资质的质量检验机构组织。

质量检查的基本要求：

（1）各级检查工作应独立、按顺序进行，不得省略、代替或颠倒顺序。各级检查要严格落实，切实查找出问题，并彻底修改。

（2）过程检查采用全数检查，最终检查一般采用全数检查，涉及野外检查项的可采用抽样检查，但样本以外的应实施内业全数检查。

（3）最终检查应审核过程检查记录，验收应审核最终检查记录。审核中发现的问题作为资料质量错漏处理。在过程检查、最终检查时，若发现有不符合质量要求的产品时，应退给作业组进行处理，然后再进行复查，直至检查确认无误。

（4）验收一般采用抽样检查。质量检验机构应对样本进行详查，必要时可对样本以外的单位成果的重要性进行概查。

各级在上交成果的同时，还要上交成果质量检查记录。

1）过程检查

过程检查是由工程项目部的技术部门检查人员在作业组自查、互检的基础上，对作业组生产的产品进行的全面检查。

自查是保证测绘质量的重要环节。作业人员在生产过程中，要有质量意识和责任意识，一定要始终贯彻认真、细致、真实、准确的工作作风，走到、看到、测准，把错漏消灭在作业一线，把质量控制的重心放在生产过程中，要对每天的任务进行 100%自查，一旦发现遗漏或错误，须立即补上或改正。对于检查出的错误修改后应进行复查，直至检查确认无误。

互检是在全面自查的基础上，作业组成员之间相互委托检查的方法。互检能避免自查不容易发现的错误，也是生产人员互相交流提高的一种有效方法。

过程检查结果不做单位成果质量评定，检查出的问题、错误、复查的结果应在检查记录中记录。作业人员经过程检查确认无误，后方可按规定整理上交资料。

2）最终检查

最终检查是在过程检查的基础上，对产品质量进行的再一次全面检查，这项工作一般由测绘生产单位的质量管理机构负责，测绘单位进行最终检查一般采用逐单位成果详查，即100%内业检查，不低于总工作量10%的外业检查。但对于内业检查过程中的发现的质量问题要及时组织野外100%实地检查。

对外业检查项，生产单位可根据单位实际情况，依据《测绘产品检查验收规定》，在保证测绘产品质量的前提下，在上级主管部门批准或委托方同意的情况下，制定出测绘产品最终检查细则，可采用抽样检查，样本量不应低于表5-6的规定。最终检查应审核过程检查记录。检查出的问题、错误、复查的结果应在检查记录中记录。检查不合格的单位成果要退回处理，处理后再进行最终检查，直至检查合格为止。最终检查要逐幅评定单位成果质量等级，编写检查报告，随成果一并提交才能书面申请验收。

表 5-6 检查样本量

批量	样本量
≤20	3
20～40	5
41～60	7
61～80	9
81～100	10
101～120	11
121～140	12
141～160	12
161～180	14
181～200	15
≥201	分批次提交，批次数应最小，各批次的批量应均匀
当批量小于或等于 3 时，样本量等于批量，为全数检查。	

最终检查需检查项目互检记录、项目过程检查记录、项目技术设计书执行情况、项目技术报告等的编写以及资料的分类整理等内容，为项目最终验收做准备。

过程检查、最终检查中发现的质量问题应改正。过程检查、最终检查工作中，当对质量问题的判定存在分歧时，由测绘单位总工程师裁定。

3）验收工作

验收是在最终检查基础上，生产任务的委托单位或由该单位委托的专职检验机构，通过判断抽检产品能否被接收进而确定整个工程质量是否合格而进行的检验。

验收时应注意以下几点：

（1）样本内的单位成果应逐一详查，样本外的单位成果根据需要进行概查。

（2）检查出的问题、错误，复查的结果应在检查记录中记录。

（3）验收应审核最终检查记录。

（4）验收工作的内容包括文字资料、控制测量、数字成果图以及影响成果质量的其他重要问题。

（5）验收工作完成后，应编写检查验收报告和验收评定意见书。

4. 总体检查质量错漏分类

总体检查质量错漏分类如表 5-7 所示。

表 5-7 总体检查质量错漏分类

错漏类别	错漏描述
A 类错漏	（1）使用仪器的标称精度不能满足施测精度要求； （2）使用仪器未经检定，或检定不合格，或超过有效期范围； （3）测图控制存在较大漏洞，造成测图困难，影响成图精度； （4）测图范围存在漏测； （5）自由图边不符合技术设计要求； （6）基本等高距不符合技术设计或规范要求； （7）编号取位错，造成图幅无法识别； （8）擅自更改图根控制的技术手段，造成测图困难，影响成图精度； （9）图根控制点密度严重不符合技术设计或规范要求； （10）其他严重错漏
B 类错漏	（1）测图控制存在一般漏洞，对测图影响较小； （2）图根控制点密度不符合技术设计或规范要求，但对测图没有产生较大的影响； （3）编号取位错，但图幅还可识别； （4）图幅编号漏号，造成编号不连续； （5）其他较重的错漏

5. 质量检查方式

各级检查验收过程中，对成果的检查可采用内业检查、外业检查结合的方式进行。通常按照"先内业后外业"的顺序进行检查。

1）内业检查

内业检查主要是查阅文字资料、记录手簿和地图内容的完整性、准确性。若发现错误或疑点，应到野外进行实地检查修改。目前内业检查工作主要采用计算机软件自动检查、人机交互检查、人工检查等方式。

① 计算机软件自动检查，通过软件自动分析和判断结果。如可计算值（属性）的检查、逻辑一致性的检查、值域的检查、各类统计计算等。

② 人机交互检查，通过人机交互检查、筛选并人工分析和判断结果。如检查有向点的方向等。

③ 人工检查，不能通过软件检查，只能人工检查。如适量要素的遗漏等。

通常情况下，数字地形图成果内业检查需要以上方式结合操作完成。在质量检查工作中，应优先使用软件自动检查、人机交互检查。

2）外业检查

外业检查是在内业检查的基础上进行的，分为巡视检查和实地设站检查。

巡视检查是针对内业检查过程中发现的错误或疑点安排检查人员野外实地核对，了解数字地形图测绘成果地物、地貌绘制的完整性和准确性，如地物、地貌有无遗漏，地物综合取舍是否合理，符号使用是否恰当、注记是否正确，等高线表示地貌是否逼真等。巡视检查遵循"发现一处，解决一处"的原则，一旦确定问题存在立即处理。若是小问题，如注记有误，随时修正处理，较大问题，作业单位应补测改正，严重问题，作业单位应重测并检查。

实地设站检查是携带测量仪器在作业区域进行有计划地设站实测检查部分地物、地貌位置，并与原图进行比较来检查其精度，并统计地形图数学精度。

实地设站检查除了对内业检查和巡视检查过程中发现的重点错误和遗漏进行补测和更正外，还需抽样设站对一些不确定地物、地貌的复杂地区、图幅四角或重点地区进行检查。每幅图实地设站检查检测站点均匀分布，位置明显。检查量一般为原测图工作量的 10% ~ 30%。当采用与测图相同的方法实测检查时，较差的限差不应超过中误差的 $2\sqrt{2}$ 倍。

实地设站检查，一般采用 GNSS 测量法或极坐标法采集检测点坐标。当采用 GNSS 测量法观测时，测前、测后应与已知点坐标进行比对检核。当采用极坐标法时，应进行后视坐标和高程检核。高程点需采用不低于原图精度的作业方法和仪器设备对已测地物、地形点实测获取；对于图根高程控制点可采用三角高程或路线水准同时沿线检测高程点或在生产单位布设的可靠图根水准点上设站检测。实地设站检查施测精度等级应不低于原测精度等级。利用已有成果获取监测点坐标时，已有成果的精度不能小于检测点精度。

检查结束，统计数字地形图的数学精度，并根据检查情况做出数字地形图的质量评价。

工作拓展

根据上述操作方式，在自己的电脑上使用 SouthMap 软件打开提供的质检样图数据，熟悉数字地形图产品质量检查内容和操作。

1. 任务考核

表5-8　任务5-1考核

考核内容			考核评分		
项目	内　容		配分	得分	批注
工作准备（20%）	能够正确理解工作任务5-1内容、范围		5		
	能够查阅和理解技术手册		5		
	准备好实训所需要的样例数据		5		
	确认设备及软件，检查其是否安全及正常工作		5		
实施程序（60%）	数字测图产品概查检查的准确性		10		
	数字测图产品详查检查的准确性		20		
	熟悉SouthMap软件数学精度检查的简单操作		15		
	安全无事故并在规定时间内完成任务		15		
课后（20%）	熟悉数字测图产品质量检查的内容和方法		15		
	按照工作程序，填写完成作业单		5		
考核评语	考核人员：　　　　　日期：　　年　月　日		考核成绩		

2. 任务评价

表5-9　任务5-1评价

评价项目	评价内容	评价成绩	备注
工作准备	任务领会、资讯查询、素材准备	□A □B □C □D □E	
知识储备	系统认知、原理分析、技术参数	□A □B □C □D □E	
计划决策	任务分析、任务流程、实施方案	□A □B □C □D □E	
任务实施	专业能力、沟通能力、实施结果	□A □B □C □D □E	
职业道德	纪律素养、安全卫生、态度、积极性	□A □B □C □D □E	
其他评价			
导师签字：		日期：　　　　年　月　日	

注：在选项"□"里打"√"，其中A为90～100分；B为80～89分；C为70～79分；D为60～69分；
　　E为不合格。

任务 5-2　数字测图产品验收

任务目标

掌握数字测图产品验收资料提交内容，能够对数字测图产品质量进行评定，掌握数字测图产品检查报告和验收报告的编写内容及方法。

任务描述

生产单位经过过程检查和最终检查，确认数字测图成果达到验收标准后，可向任务委托单位提交书面验收申请，具有测绘检验资质的任务委托单位将自行组织，或由该单位委托具有检验资格的检验机构组织验收。

因此，本部分的任务主要是根据项目情况完成数字测图产品的验收和质量评定，并编写产品检查报告和验收报告。

任务分析

本部分的任务主要是检查数字测图产品验收资料提交内容是否完备，能够对产品质量进行评定，能够规范撰写检查报告和验收报告，为走上工作岗位，承担测图工作提供技术支持。

工作准备

1．材料准备

数字测图技术总结需要准备好计算机，如表 5-10 所示。

表 5-10　任务 5-2 设备及材料清单

序号	元件名称	规　格	数　量
1	计算机	台式电脑或笔记本电脑	1 台
2	Office	Office 适配软件	1 套
3	数据资料	数字测图项目验收提交的相关的数据资料	1 套

2．注意事项

（1）作业前请检查计算机系统 Windows 7 及以上。

（2）检查 Office 相适配的软件安装包。

（3）作业前请检查相关数据资料是否完整。

1. 验收资料检查

以小组为单位，打开教师提供的验收资料文件，按照数字测图验收资料检查方法，逐项检查，并将检查结果录入表 5-11 中。

（1）检查提交的验收资料是否齐全，正确；

（2）逐项检查上交的文档资料数据文件内容是否正确、完整。

表 5-11　数字测图项目验收资料检查记录

序号	资料名称	存在的问题	签字
1	项目设计书，技术设计书，技术总结等		
2	质量跟踪卡等		
3	数据文件，包括图廓内、外整饰信息文件，原始数据文件等		
4	作为数据源使用的原图或复制的底图		
5	图形或影像数据输出的检查图或模拟图		
6	其他		

凡资料不全或数据不完整者，承担检查或验收单位有权拒绝检查验收。验收工程师将验收意见要逐条记录在的图纸，并在图纸上签字。

2. 数字测图成果质量评定

单位成果质量水平以百分制表征。数字测图产品质量由生产单位以详查方式评定，产品质量评定通过单位成果质量分值评定质量等级，质量等级分为优、良、合格、不合格四级。验收单位则以概查方式通过检验批进行评定，数字测图产品检验批质量实行合格批、不合格批评定制。

1）质量评分方法

（1）数学精度评分标准。

数学精度按式（5-3）计算质量分数，多项数学精度评分时，若单项数学精度得分均大于 60 分，取其加权平均值作为数学精度得分。

$$\begin{cases} S_2 = 100 & 0 \leqslant m \leqslant \dfrac{1}{3}m_0 \\ S_2 = 60 + \dfrac{60}{m_0}(m_0 - m) & \dfrac{1}{3}m_0 < m \leqslant m_0 \end{cases} \quad （5\text{-}3）$$

其中： $m_0 = \pm\sqrt{m_1^2 + m_2^2}$

S_2——质量子元素分数；

m_0——允许中误差的绝对值；

m_1——规范或相应技术文件要求的成果中误差；

m_2——检测中误差（高精度检测时取 $m_2 = 0$）；

m——成果中误差的绝对值。

（2）成果质量错漏评分标准。

$$S_2 = 100 - \left[a_1 \times \left(\frac{12}{t}\right) + a_2 \times \left(\frac{4}{t}\right) + a_3 \times \left(\frac{1}{t}\right) \right] \tag{5-4}$$

式中： a_1、 a_2、 a_3——质量子元素中相应的 B 类错漏、C 类错漏、D 类错漏个数；

t——扣分值调整系数。一般情况下取 $t=1$，需要进行调整时，以困难类别为原则，按《测绘生产困难类别细则》进行调整（平均困难类别 $t=1$）。

（3）质量元素评分方法。

采用加权平均法计算质量元素得分。 S_1 的值按式（5-5）计算。

$$S_1 = \sum_{i=1}^{n}(S_{2i} \times p_i) \tag{5-5}$$

式中： S_1、 S_{2i}——质量元素、相应质量子元素得分；

p_i——相应质量子元素的权；

n——质量元素中包含的质量子元素个数。

（4）单位成果质量评分方法。

采用加权平均法计算质量元素得分。 S_1 的值按式（5-6）计算。

$$S = \sum_{i=1}^{n}(S_{1i} \times p_i) \tag{5-6}$$

式中： S、 S_{1i}——单位成果质量、质量元素得分。

当质量元素不满足规定的合格条件时，不计算质量分值，该质量元素为不合格。

根据提供的资料和检查结果填写大比例尺地形图单位成果质量评分表（表 5-12）。

表 5-12　大比例尺地形图单位成果质量评分

图号	质量元素	数学精度								数据结构	地理精度	整饰精度	附件质量	单位成果质量总评价
	权重	0.2								0.2	0.3	0.2	0.1	
	质量子元素	数学基础	平面位置精度误差中误差				高程中误差								
	权重	0.2	0.4				0.4								
			检测点数	中误差	限差	得分	检测点数	中误差	限差	得分					

2）质量评分方法

（1）单位成果质量评定。

单位成果质量评定规则如下：

① 根据质量检查的结果计算质量元素分值，当单位成果质量检查出现不满足规定的合格条件时，不计入分值，且该质量元素为不合格。

② 当质量元素检查结果满足规定的合格条件时，可参照式（5-6）评定单位成果质量分值，其中附件质量可不参与计算。然后根据某个质量元素所有检查项的质量分值，将其中最小的质量分值确定为这个质量元素的质量分值，再根据质量元素的分值，将其中最小的质量分值确定为单位成果质量分值，最后评定单位成果质量等级。质量元素分值计算参照式（5-7）。

$$S = \min(S_i) \ (i = 1, 2, \cdots, n) \tag{5-7}$$

式中　S——单位成果质量得分值；

　　　S_i——第 i 个质量元素的得分值；

根据单位成果的质量得分，按表 5-13 划分质量等级。

表 5-13　单位成果质量评定等级

质量得分	质量等级
90 分 ≤ S ≤ 100 分	优级品
75 分 ≤ S < 90 分	良级品
60 分 ≤ S < 75 分	合格品
单位成果中出现 A 类错漏 单位成果高程精度检测、平面位置精度检测及相对位置精度检测，任一项粗差比例超过 5% S < 60 分	不合格品

（2）批成果质量评定。

批成果质量检查是对检验批按规定比例抽取样本，对样本进行详查，并按规定进行产品质量核定，对于样本以外的产品一般进行概查。

样本中发现有不符合技术标准、技术设计书或其他有关技术规定的成果时，则该检验批为一次检验未通过批，须进行二次抽样详查，并对验收中存在的问题提出处理意见，交测绘生产单位进行改正。当问题较多或性质严重时，可将部分或全部成果退回测绘单位或部门重新处理，并再组织验收。

验收过程中，当对质量问题的判定存在分歧时，由委托方或项目管理单位裁定。

批成果质量等级分为合格批、不合格批两级。通过表 5-14 的合格判定条件确定批成果的质量等级。

表 5-14　批成果质量评定

质量等级	判定条件	后续处理
合格批	样本中未发现不合格单位成果，且概查时未发现不合格单位成果	验收通过，但生产单位对验收中发现的各类质量问题均应修改，并进行复查
不合格批	样本中发现不合格单位成果；概查时发现不合格单位成果；不能提交批成果的技术性文档（如设计书，技术总结检查报告等）和资料写文档（如结合表、图幅清单）	将检验批全部或部分退回生产单位或部门，令其重新检查、处理，然后再次申请验收。再次验收时应重新抽样

批成果最终检查合格后，按表 5-15 所示原则评定批成果质量等级。

表 5-15　批成果质量等级评定

批成果质量等级评定条件	质量等级
优良品率达到 90% 以上，其中优级品率达到 50% 以上	优级品
优良品率达到 80% 以上，其中优级品率达到 30% 以上	良级品
未达到上述标准的	合格

3. 测绘成果的质量情况

简要说明和评价测绘成果的质量情况，产品达到的技术指标，对整个测量工作进行总的评价，做出是否合乎要求的结论，对作业方法和技术要求的改进意见，说明测绘成果的质量检查报告的名称和编号。

技术知识

上交测绘成果和资料清单：说明上交和归档成果的名称、数量、类型，技术设计文件、专业技术总结、检查报告、必要的文档簿以及其他作业过程中形成的重要记录，其他归档资料。上交的测绘成果和资料要系统整理和装订，并编号，要求作业人员和各级负责人签名，重要成果资料必须形成电子文件。以下资料还应提交纸质资料：

（1）控制部分：控制测量使用的仪器检验资料；等级控制点的委托保管书及点位说明或点之记；控制测量外业观测手簿和成果表；综合图（分幅编号、控制点、水准路线等）。

（2）地形图，图历簿。

（3）技术设计书、技术总结、验收报告。

工作拓展

根据上述操作方式，在自己的电脑上完成数字测图产品相关验收资料。

考核评价

1. 任务考核

表 5-16　任务 5-2 考核

考核内容		考核评分		
项 目	内　容	配分	得分	批注
工作准备（20%）	能够正确理解工作任务 5-2 内容	5		
	能够查阅和理解相关资料，确认 Office 适配版本，成功安装 Office 软件	5		
	确认相关资料是否完备	5		
	确认设备及软件，检查其是正常工作	5		
实施程序（60%）	正确下载装 Office 软件包	5		
	成功安装 Office 软件，并能正常运行	5		
	相关资料整理完备	15		
	正确填写数字测图产品质量评定表	20		
	规范编写数字测图产品验收报告	15		
课后（20%）	熟悉 Office 软件的功能使用	10		
	查阅资料全面掌握数字测图产品验收报告编写内容和方法	10		
考核评语	考核人员：　　　　　日期：　　年　月　日	考核成绩		

2. 任务评价

表 5-17　任务 5-2 评价

评价项目	评价内容	评价成绩	备注
工作准备	任务领会、资讯查询、素材准备	□A □B □C □D □E	
知识储备	系统认知、原理分析、技术参数	□A □B □C □D □E	
计划决策	任务分析、任务流程、实施方案	□A □B □C □D □E	
任务实施	专业能力、沟通能力、实施结果	□A □B □C □D □E	
职业道德	纪律素养、安全卫生、态度、积极性	□A □B □C □D □E	
其他评价			
导师签字：　　　　　　　　　　　　　　　　日期：　　　年　月　日			

注：在选项"□"里打"√"，其中 A 为 90～100 分；B 为 80～89 分；C 为 70～79 分；D 为 60～69 分；
E 为不合格。

任务 5-3　数字测图技术总结

任务目标

掌握数字测图技术总结的编写内容及方法。

任务描述

数字测图项目或任务完成后，作业生产单位要组织技术人员编写技术总结，并按规定要求提交成果、成图资料，以便归档。因此，本部分的任务主要是根据项目情况提交数字测图技术总结一份。

任务分析

大比例尺数字地形图技术总结对测绘技术设计文件、技术标准及规范等的执行情况、技术设计方案实施中出现的主要问题和处理方法、成果或产品质量、新技术的应用等进行分析研究、认真总结，并作出的客观的描述和评价。是与数字地形图成果有直接关系的技术性文件，是需要长期保存的重要技术档案。

通过技术总结，为用户或下工序对成果的合理使用提供技术依据，为测绘单位持续改进生产质量，更好指导生产，进一步提高作业的技术水平和理论水平提供数据，便于有关部门可靠利用所测成果、成图资料，同时为测绘技术设计、有关技术标准、规定的制定提供直接资料。

本部分的任务主要是掌握数字测图技术总结的编写内容和编写方法，整理相关资料，能够撰写规范具体的数字测图技术总结，通过任务完成，提高学生从事测绘工作的组织管理能力，为走上工作岗位，承担测图工作提供技术支持。

工作准备

1. 材料准备

数字测图技术总结需要准备好计算机，如表 5-18 所示。

表 5-18　任务 5-3 设备及材料清单

序号	元件名称	规　格	数　量
1	计算机	台式电脑或笔记本电脑	1 台
2	Office	Office 适配软件	1 套
3	数据资料	数字测图项目相关的数据资料	1 套

2．注意事项

（1）作业前请检查计算机系统 Windows 7 及以上。

（2）检查 Office 相适配的软件安装包。

（3）作业前请检查项目相关数据资料是否完整。

任务实施

数字测图技术总结通常由概述、技术设计执行情况、成果质量说明和评价、上交和归档的成果及其资料清单四部分组成。

1．概　述

（1）项目概要说明：概要说明项目的名称、项目的来源及目的，项目内容。

（2）项目实施情况：项目工作量、项目的组织与实施（包括项目人员、仪器设备、使用软件基本情况）、项目完成情况、产品交付与接收情况等。

（3）测区概况：包括测区地形条件、气象特点和交通情况及作业困难程度。

（4）已有资料的利用和说明：已有控制测量成果的利用和说明，已有测区成果、成图基本信息和利用情况及接边情况。

2．技术设计执行情况

主要说明和评价测绘技术设计文件和有关的技术标准、规范的执行情况以及执行过程中技术性更改情况。内容主要包括：

（1）项目生产所依据的测绘技术设计文件和有关的技术标准、规范，技术执行情况，包括坐标系统和高程基准、成图比例尺及地形图分幅、时间系统、主要精度指标。

（2）控制测量实施情况：说明首级及加密控制实施情况和图根控制测量实施情况，包括控制测量布网方案、标石情况、观测方法及控制测量精度统计。

（3）1：500 地形图测绘情况：测绘基本要求、地物、地貌的测绘方法、外业采集数据的密度、数据处理、图形处理所使用的软件和成果输出情况；测图的精度分析和评价，检查验收情况，存在的问题及处理方法等。

（4）质量保证措施执行情况。

（5）经验教训及建议：生产过程中出现的主要技术问题和处理方法、特殊情况的处理及其达到的效果，详细描述专业测绘生产过程中采用的新技术、新方法、新材料等应用情况，经验、教训和遗留问题，改进意见和建议。

3．测绘成果的质量情况

简要说明和评价测绘成果的质量情况，产品达到的技术指标，对整个测量工作进行总的评价，做出是否合乎要求的结论，对作业方法和技术要求的改进意见，说明测绘成果的质量检查报告的名称和编号。

4. 上交测绘成果和资料清单

说明上交和归档成果的名称、数量、类型，技术设计文件、专业技术总结、检查报告、必要的文档簿以及其他作业过程中形成的重要记录，其他归档资料。上交的测绘成果和资料要系统地整理和装订，并编号，要求作业人员和各级负责人签名，重要成果资料必须形成电子文件。以下资料还应提交纸质资料：

（1）控制部分：控制测量使用的仪器检验资料；等级控制点的委托保管书及点位说明或点之记；控制测量外业观测手簿和成果表；综合图（分幅编号、控制点、水准路线等）。

（2）地形图，图历簿。

（3）技术设计书、技术总结、验收报告。

<hr>

技术知识

1. 数字测图技术总结类型

大比例尺数字地形图技术总结分为项目总结和专业技术总结。

项目总结是一个测绘项目在其最终成果（或产品）检查合格后，在各专业技术总结的基础上，对整个项目所作的技术总结。专业技术总结是测绘项目中所包含的各测绘专业活动在其成果（或产品）检查合格后，分别总结撰写的技术文档。对于工作量较小或工作性质简单的项目，可根据需要将项目总结和专业技术总结合并为项目总结。综合性的作业单位一般按专业编写。

2. 数字测图技术总结编写依据

编写技术总结应根据任务的要求和完成的情况按作业性质和阶段编写。编写技术总结主要依据以下内容：

（1）测绘任务书和合同的有关要求。

（2）测绘技术设计文件、相关的法律、法规、技术标准和规范。

（3）测绘成果的检查验收材料以及验收报告。

（4）以往测绘技术设计、测绘技术总结提供的信息以及现有生产过程和产品的质量记录和有关数据。

（5）其他有关文件和资料。

3. 数字测图技术总结编写要求

技术总结应以工程项目为单位，按专业分别编写。项目总结由承担项目的法人单位负责编写或组织编写；专业技术总结由具体承担相应测绘专业任务的法人单位负责编写；具体的编写工作通常由单位的技术人员承担。技术总结编写应力求内容准确、全面和系统、重点突出，结论明确。具体编写要求如下

（1）编写技术总结必须广泛收集资料并进行综合分析作业，单位认为有必要时可以规定其所属，对事或做业主按统一要求编写技术报告和技术总结，作为单位编写技术总结的原始资料。

（2）内容真实、全面，重点突出。说明和评价技术要求的执行情况时，应重点说明作业过程中出现的主要技术问题和处理方法、特殊情况的处理及其达到的效果、经验、教训和遗留问题等。

（3）技术总结文字应简明扼要，公式、数据和图表应准确，名词、术语、符号和计量单位等均应与有关的法规和标准一致，测绘技术总结的幅面、封面格式、字体与字号等应符合相关要求。

（4）技术总结编写完成后，单位的总工程师或技术负责人应对技术总结编写的客观性、完整性等进行审查并签字，并要对本次技术总结编写的质量负责。技术总结经审核、签字后，随测绘成果或产品、测绘技术设计文件和成果检查报告一并上交和归档。

工作拓展

根据上述操作方式，在自己的电脑上完成数字测图技术总结的编写。

考核评价

1. 任务考核

表 5-19 任务 5-3 考核

考核内容			考核评分		
项目	内 容		配分	得分	批注
工作 准备 （20%）	能够正确理解工作任务 5-3 内容		5		
	能够查阅和理解相关资料，确认 Office 适配版本，成功安装 Office 软件		5		
	确认相关资料是否完备		5		
	确认设备及软件，检查其是正常工作		5		
实施 程序 （60%）	正确下载 Office 软件包		5		
	成功安装 Office 软件，并能正常运行		5		
	相关资料整理完备		15		
	规范编写数字测图技术总结		30		
	在规定时间内安全无事故地完成任务		5		
课后 （20%）	熟悉 Office 软件的功能使用		10		
	查阅资料全面掌握数字测图技术总结编写内容和方法		10		
考核 评语	考核人员：　　　日期：　　年　月　日		考核 成绩		

2. 任务评价

表 5-20 任务 5-3 评价

评价项目	评价内容	评价成绩	备注
工作准备	任务领会、资讯查询、安装包准备	□A □B □C □D □E	
知识储备	基础知识、技术参数	□A □B □C □D □E	
计划决策	任务分析、任务流程、实施方案	□A □B □C □D □E	
任务实施	专业能力、沟通能力、实施结果	□A □B □C □D □E	
职业道德	纪律素养、安全卫生、积极性	□A □B □C □D □E	
其他评价			
导师签字：		日期：　　　　年　月　日	

注：在选项"□"里打"√"，其中 A 为 90～100 分；B 为 80～89 分；C 为 70～79 分；D 为 60～69 分；
　　E 为不合格。

项目小结

为了保证测绘成果的质量，数字测图必须进行成果的检查验收。本章主要介绍了大比例尺数字地形图成果质量检查要求、数字测图质量控制方法、数字地形图的质量检查和验收，以及数字测图项目成果检查与评定、技术总结编写方法等。项目负责人要有高度责任感，强化各环节技术管理和质量管理，健全数字测图生产过程中的各项技术规定，并严格执行各项技术规范，保证测绘成果的质量满足验收要求。

项目评价

在本项目教学和实施过程中，教师和学生可以根据以下项目考核评价表对各项任务进行考核评价。考核主要针对学生在技术知识、任务实施（技能情况）、拓展任务（实战训练）的掌握程度和完成效果进行评价。

表 5-21　项目 5 评价

工作任务	评价内容									
	技术知识		任务实施		拓展任务		完成效果		总体评价	
	个人评价	教师评价	个人评价	教师评价	个人评价	教师评价	个人评价	教师评价	个人评价	教师评价
任务 5-1										
任务 5-2										
任务 5-3										
存在问题与解决办法（应对策略）										
学习心得与体会分享										

实训与讨论

一、实训题

1. 使用 SouthMap 软件对校内实训场的大比例尺地形图成果进行内业检查，并填写对应的质量检查表。

2. 根据校内实训训练场的数字化测图成果进行外业质量检查，并填写对应的质量检查表。

3. 请参照附录中大比例尺数字测图项目技术总结，编写校内实训训练场 1:500 数字化地形图测绘项目技术总结报告。

二、练习题

1. 数字地形图有哪些检查元素和检查内容？

2. 提交的检查验收的成果有哪些？

3. 如何评定数字地形图的成果质量？

4. 如何编写校内训练场的数字化测图技术总结报告？

项目 6　数字地形图在工程建设中的应用

任务 6-1 基本几何要素的测量

 任务目标

在数字地形图中，利用 SouthMap 软件进行基本几何要素测量。

 任务描述

在数字化成图软件环境下，利用数字地形图可以非常方便地获取各种地形信息，如量测各个点的坐标，量测点与点之间的水平距离，量测直线的方位角、确定点的高差和计算两点间坡度等。而且查询速度快，精度高。

 任务分析

利用 SouthMap 软件完成查询指定点坐标、查询两点距离及方位、查询线长、查询实体面积等任务。

工作准备

1．材料准备

SouthMap 软件安装需要准备计算机、CAD 软件、SouthMap 软件等硬件、软件设备和材料，如表 6-1 所示。

表 6-1 任务 6-1 设备及材料清单

序号	元件名称	规　格	数　量
1	计算机	台式电脑或笔记本电脑	1 台
2	CAD	CAD 适配软件	1 套
3	SouthMap	SouthMap 适配软件	1 套
4	数字地形图	数字地形图	1 套

2．注意事项

（1）作业前检查计算机系统 Windows 7 及以上。

（2）检查 CAD、SouthMap 相适配的软件安装包。

（3）获得软件授权使用许可（或先体验试用版）。

1. 查询指定点坐标

该功能主要是计算并显示指定点的平面坐标。

先选择"工程应用"菜单中的"查询指定点坐标"如图 6-1 所示。

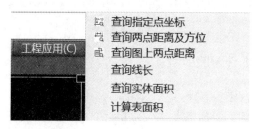

图 6-1 "工程应用"下拉菜单图

然后用鼠标在 CAD 的绘图窗口点取所要查询的点即可，查询结果如图 6-2 所示。也可以采用先进入点号定位方式，再输入要查询的点号查询坐标。

```
命令: CX2B
指定查询点:
测量坐标: X=2535746.413米  Y=525154.756米  H=0.000米

命令:
```

图 6-2 查询指定点平面坐标

2. 查询两点距离及方位

该功能主要是计算两个指定点之间的实际距离和方位角。

先选择"工程应用"菜单下的"查询两点距离及方位"如图 6-1 所示，然后用鼠标在 CAD 的绘图窗口分别点取要查询的两点即可，查询结果如图 6-3 所示。也可以先进入点号定位方式，再输入两点的点号进行查询。

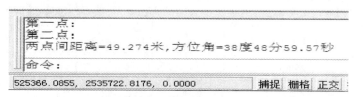

图 6-3 查询两点距离及方位

3. 查询线长

该功能主要是计算并显示线性地物的长度。

先选择"工程应用"菜单下的"查询线长"如图 6-1 所示，然后用鼠标在 CAD 的绘图窗口分别选取要查询的线性地物即可，查询结果如图 6-4 所示。或者选取线性地物对象后直接输入"LIST"命令即可显示线长。

图 6-4 查询线长

4. 查询实体面积

该功能主要是计算面或圆的面积。

先选择"工程应用"菜单下的"查询实体面积"，如图 6-1 所示，然后用鼠标在 CAD 的绘图窗口点取待查询的实体的闭合边界线，或者用鼠标在 CAD 的绘图窗口中的待查询的实体的闭合边界线内部点取一个点即可。或者选取对象后直接输入"LIST"命令即可显示实体面积和周长，要注意实体应该是闭合的。

5. 计算表面积

对于不规则地貌，其表面积很难通过常规的方法来计算，在这里可以通过建模的方法来计算，系统通过建立数字地面模型（DTM），在三维空间内将高程点连接为带坡度的三角形，再累加每个三角形面积得到整个范围内不规则地貌的面积。

该功能主要是计算实体的表面积。主要方法有两种：一是根据坐标文件；二是根据图上的高程点。

例：计算图 6-5 图形范围内地貌的表面积。

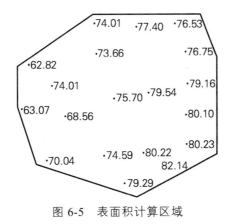

图 6-5 表面积计算区域

选择"工程应用\计算表面积\根据坐标文件"命令，系统信息提示：请选择：（1）根据坐标数据文件（2）根据图上高程点：回车选1：

· 选择土方边界线，用拾取框选择图上的复合线边界；

· 请输入边界插值间隔（米）：〈20〉输入在边界上插点的密度，一般选择 5 米；

· 表面积 = 3812.644 平方米，详见 surface.log 文件。surface.log 文件保存在 \SouthMap\SYSTEM 目录下面。

包含计算表面积的高程点的范围线的面积为 3 646.035 平方米，显然，由范围线内的高程点表达的地表的表面积大于范围线区域的面积。图 6-6 为建模计算表面积的结果。

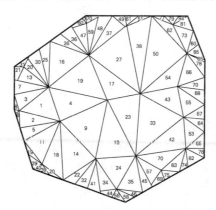

图 6-6　表面积计算结果

还可以根据图上高程点计算表面积，操作的步骤基本相同，但计算的结果会有差异，因为由坐标文件计算时，边界上内插点的高程由全部的高程点参与计算得到，而由图上高程点来计算时，边界上内插点只与被选中的点有关，故边界上点的高程会影响到表面积的结果。到底用哪种方法计算合理，这与边界线的地形变化有关，变化越大的，越趋向由图面来选择。

技术知识

随着计算机技术和数字化测绘技术的迅速发展，数字地图与传统地图相比有诸多优点（载体不同，管理与维护不同），因此，数字地形图广泛应用于国民经济建设、国防建设和科学研究等各个方面。

在数字化成图软件环境下，利用数字地形图可以非常方便地获取各种地形信息，如量测各个点的坐标，量测点与点之间的水平距离，量测直线的方位角、确定点的高差和计算两点间坡度等。而且查询速度快、精度高。

工作拓展

根据上述操作方式，在软件上完成基本几何要素的测量。

1. 任务考核

表 6-2　任务 6-1 考核

考核内容			考核评分		
项目	内　容	配分	得分	批注	
工作准备（30%）	能够正确理解工作任务 6-1 内容、范围	10			
	能够查阅和理解技术手册	5			
	准备好实训所需要的样例数据	5			
	查阅并了解 SouthMap 绘图相关资料	5			
	确认设备及软件，检查其是否安全及正常工作	5			
实施程序（50%）	成功加载样例数据	10			
	利用绘制好的地形图进行基本几何要素测量	25			
	安全无事故并在规定时间内完成任务	15			
课后（20%）	熟悉绘制的基本操作	10			
	按照工作程序，填写完成作业单	10			
考核评语	考核人员：　　　　日期：　　年　月　日	考核成绩			

2. 任务评价

表 6-3　任务 6-1 评价

评价项目	评价内容	评价成绩	备注
工作准备	任务领会、资讯查询、安装包准备	□A □B □C □D □E	
知识储备	基础知识、技术参数	□A □B □C □D □E	
计划决策	任务分析、任务流程、实施方案	□A □B □C □D □E	
任务实施	专业能力、沟通能力、实施结果	□A □B □C □D □E	
职业道德	纪律素养、安全卫生、积极性	□A □B □C □D □E	
其他评价			
导师签字：		日期：　　　　年　月　日	

注：在选项"□"里打"√"，其中 A 为 90～100 分；B 为 80～89 分；C 为 70～79 分；D 为 60～69 分；
　　E 为不合格。

任务 6-2 断面图的绘制基本方法

任务目标

使用 SouthMap 软件提供的多种成图方法绘制平面图。

任务描述

在数字化成图软件环境下，利用数字地形图可以非常方便地获取各种地形信息，可以由坐标文件生成、根据里程文件、根据等高线、根据三角网等方法绘制断面图。

任务分析

利用 SouthMap 软件，依据数字地形图绘制断面图。

1．材料准备

SouthMap 软件安装需要准备好计算机、CAD 软件、SouthMap 软件等硬件、软件设备和 SouthMap 本身提供的演示数据文件。如表 6-4 所示。

表 6-4　任务 6-2 设备及材料清单

序号	元件名称	规 格	数 量
1	计算机	台式电脑或笔记本电脑	1 台
2	CAD	CAD 适配软件	1 套
3	SouthMap	SouthMap 适配软件	1 套
4	数字地形图	已有的数字地形图	1 套

2．安全事项

（1）作业前检查数据是否完整。
（2）作业前检查软件是否可用。

1. 由坐标文件生成

坐标文件指野外观测的高程点数据文件，操作如下。

先用复合线生成断面线，选择"工程应用\绘断面图\根据已知坐标"功能。

提示：选择断面线用鼠标点取上一步骤所绘断面线。屏幕上弹出"断面线上取值"的对话框，如图 6-7 所示，如果在"选择已知坐标获取方式"栏中选择"由数据文件生成"，则在"坐标数据文件名"栏选择高程点数据文件。如果选"由图面高程点生成"，此步骤则为在图上选取高程点，前提是图面存在高程点，否则此方法无法生成断面图。

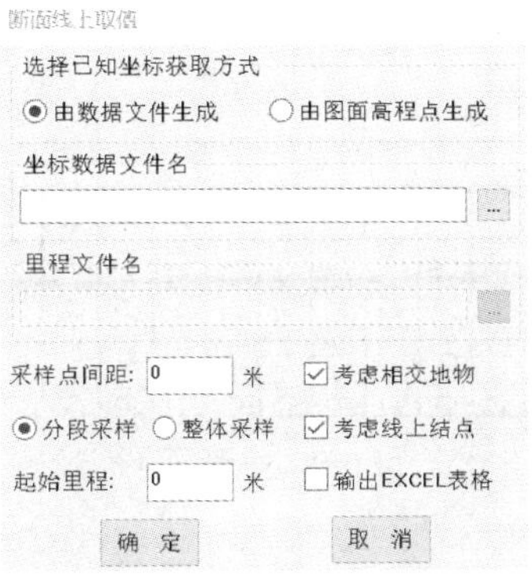

图 6-7　根据已知坐标绘断面图

输入采样点间距：输入采样点的间距，系统的默认值为 20 m，案例中选择 10 m。采样点的间距的含义是复合线上两顶点之间若大于此间距，则每隔此间距内插一个点。

输入起始里程：系统默认起始里程为 0。

点击"确定"之后，屏幕弹出绘制纵断面图对话框，如图 6-8 所示。

图 6-8　绘制纵断面图对话框

输入相关参数，如：

横向比例为 1：系统的默认值为 1：500，可更改比例尺。

纵向比例为 1：系统的默认值为 1：100，可更改比例尺。

断面图位置：可以手工输入，亦可以图上拾取。

可以选择是否绘制平面图、标尺、标注，还有一些关于注记的设置。

点击"确定"之后，在屏幕上出现所选断面线的断面图，如图 6-9 所示。

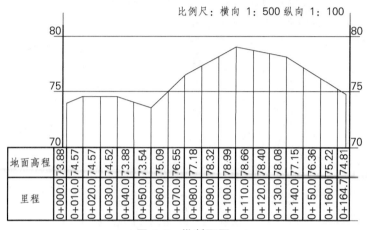

图 6-9　纵断面图

2. 由里程文件生成

（1）由复合线生成里程文件。

执行本命令前在图上画一条穿过等高线的断面线（必须是复合线），然后选取"工程应用"菜单中生成里程文件，选择由复合线生成里程文件。

系统信息提示：选择断面线。选取好断面线后弹出图 6-10 对话框。

在提示保存文件对话框中给出目标文件名，再选择事先画好的断面线，然后根据系统提示输入起始里程及采样间距。

此外，生成里程文件的方法还有由纵断面线生成，由等高线生成、由三角网生成，以上三种方法根据系统提示进行操作即可生成里程文件。

（2）根据里程文件绘制断面图。

一个里程文件可包含多个断面的信息，此时绘断面图就可一次绘出多个断面。里程文件的一个断面信息内允许有该断面不同时期的断面数据，这样绘制这个断面时就可以同时绘出实际断面线和设计断面线。

图 6-10　断面线上取值对话框

- 190 -

3. 由等高线生成

如果图面存在等高线，则可以根据断面线与等高线的交点来绘制纵断面图。

选择"工程应用\绘断面图\根据等高线"命令，系统信息提示：请选取断面线：选择要绘制断面图的断面线。

屏幕弹出绘制纵断面图对话框，如图 6-8 所示，操作方法如由坐标文件生成断面。

4. 由三角网生成

如果图面存在三角网，则可以根据断面线与三角网的交点来绘制纵断面图。

选择"工程应用\绘断面图\根据三角网"命令，系统信息提示：请选取断面线：选择要绘制断面图的断面线。

屏幕弹出绘制纵断面图对话框，如图 6-8 所示，操作方法如由坐标文件生成断面。

技术知识

在数字测图软件环境下，利用数字地形图可以非常方便地获取各种地形信息，如量测各个点的水平坐标、两点间水平距离，量测直线方位角、点高程。

工作拓展

参照以上操作，对数字地形图绘制断面图。

考核评价

1. 任务考核

表6-5　任务6-2考核

考核内容			考核评分		
项目	内　容		配分	得分	批注
工作准备（30%）	能够正确理解工作任务6-2内容、范围		10		
	能够查阅和理解技术手册		5		
	准备好实训所需要的样例数据		5		
	查阅并了解SouthMap绘图相关资料		5		
	确认设备及软件，检查其是否安全及正常工作		5		
实施程序（50%）	成功加载样例数据		10		
	利用样例数据绘制平面图		10		
	熟悉图形的简单操作		15		
	安全无事故并在规定时间内完成任务		15		
课后（20%）	熟悉绘制的基本操作		10		
	按照工作程序，填写完成作业单		10		
考核评语	考核人员：　　　　日期：　　年　月　日		考核成绩		

2. 任务评价

表6-6　任务6-2评价

评价项目	评价内容	评价成绩	备注
工作准备	任务领会、资讯查询、素材准备	□A □B □C □D □E	
知识储备	系统认知、原理分析、技术参数	□A □B □C □D □E	
计划决策	任务分析、任务流程、实施方案	□A □B □C □D □E	
任务实施	专业能力、沟通能力、实施结果	□A □B □C □D □E	
职业道德	纪律素养、安全卫生、态度、积极性	□A □B □C □D □E	
其他评价			
导师签字：		日期：　　　年　月　日	

注：在选项"□"里打"√"，其中A为90~100分；B为80~89分；C为70~79分；D为60~69分；E为不合格。

任务 6-3　土方量的计算

任务目标

采用 SouthMap 软件对数字地形图进行土方量的计算。

任务描述

在数字化成图软件环境下，利用数字地形图可以非常方便地获取各种地形信息，可以运用 DTM 法、方格网法、等高线等方法进行土方量的计算。

任务分析

利用 SouthMap 软件，依据数字地形图计算土方量。

1．材料准备

SouthMap 绘制等高线主要准备好计算机、SouthMap 相关软件、样例数据等，如表 6-7 所示。

表 6-7　任务 6-3 设备及材料清单

序号	元件名称	规　格	数　量
1	计算机	台式电脑或笔记本电脑	1 台
2	CAD	CAD 适配软件	1 套
3	SouthMap	SouthMap 适配软件	1 套
4	样例数据	已有的数字地形图	1 套

2．安全事项

（1）作业前检查数据是否完整，主要利用样例数据，或野外采集的数据绘制好的数字地形图。

（2）作业前检查软件是否可用。

1. DTM 法土方计算

由 DTM 模型来计算土方量是根据实地测定的地面点坐标（X，Y，Z）和设计高程，通过生成三角网来计算每一个三棱锥的填挖方量，最后累计得到指定范围内填方和挖方的土方量，并绘出填挖方分界线。

DTM 法土方计算共有 4 种方法，第一种是由坐标数据文件计算；第二种是依照图上高程点进行计算；第三种是依照图上的三角网进行计算；第四种是两期土方计算。前两种算法包含重新建立三角网的过程，第三种方法直接采用图上已有的三角网，不再重建三角网。

（1）根据坐标文件计算。

选取"工程应用\DTM 法土方计算\根据坐标文件"。

系统信息提示：选择边界线。用鼠标点取所画的闭合复合线，弹出如图 6-11 土方计算参数设置对话框。用复合线画出所要计算土方的区域，一定要闭合，但是尽量不要拟合，因为拟合过的曲线在进行土方计算时会用折线迭代，影响计算结果的精度。

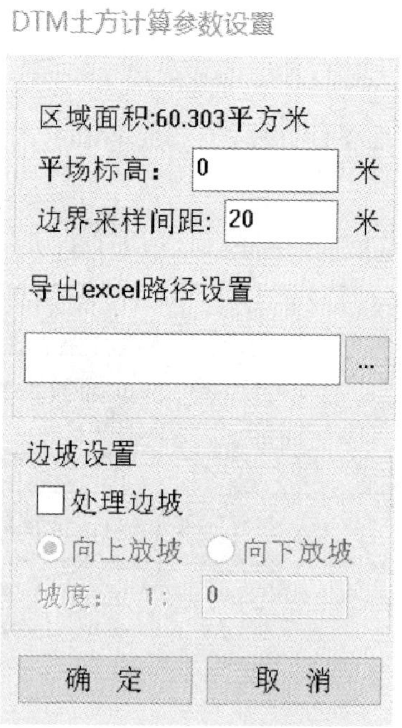

图 6-11 土方计算参数设置

区域面积：该值为复合线围成的多边形的水平投影面积。

平场标高：指设计要达到的目标高程。

边界采样间隔：边界插值间隔的设定，默认值为 20 m。

边坡设置：选中处理边坡复选框后，则坡度设置功能变为可选，选中放坡的方式（向上或向下：指平场高程相对实际地面高程的高低平场高程高于地面高程则设置为向下放坡），然后输入坡度值。

设置好计算参数后屏幕上显示填挖方的提示框，系统信息提示：

挖方量＝××××立方米，填方量＝××××立方米。

同时图上绘出所分析的三角网、填挖方的分界线（白色线条）。

如图 6-12 所示。计算三角网构成说详见 dtmtf.log 文件，该文件在 SouthMap 系统安装目录的 DEMO 文件中。

图 6-12　挖填方提示框

关闭对话框后系统提示：请指定表格左下角位置:〈直接回车不绘表格〉用鼠标在图上适当位置点击，SouthMap 会在该处绘出一个表格，包含平场面积、最大高程、最小高程、平场标高、填方量、挖方量和图形，如图 6-13 所示。

三角网法土石方计算

平场面积 = 13327.0 平方米
最小高程 = 56.081 米
最大高程 = 104.021 米
平场标高 = 80.000 米
挖方量 = 51595.7 立方米
填方量 = 54822.3 立方米

计算日期：2014年11月30　计算人

图 6-13　挖填方量计算结果表格

（2）根据图上高程点计算。

首先要展绘高程点，然后用复合线画出所要计算土方的区域，要求同 DTM 法。

选取"工程应用"菜单下"DTM 法土方计算"子菜单中的"根据图上高程点计算"，系统信息提示：

选择计算区域边界：选取计算边界弹出如图 6-11 土方计算参数设置对话框，计算方法与根据坐标文件计算方法一致。

（3）根据图上的三角网计算。

对已经生成的三角网进行必要的添加和删除，使结果更接近实际地形。

用鼠标点取"工程应用"菜单下"DTM 法土方计算"子菜单中的"根据图上三角网"，系统信息提示：

平场标高（米）：输入平整的目标高程。

请在图上选取三角网：用鼠标在图上选取三角形，可以逐个选取，也可以拉框批量选取。回车后屏幕上显示填挖方的提示框，同时图上绘出所分析的三角网、填挖方的分界线（白色线条）。注意：用此方法计算土方量时不要求给定区域边界，因为系统会分析所有被选取的三角形，因此在选择三角形时一定要注意不要漏选或多选，否则计算结果有误，且很难检查出问题所在。

（4）计算两期土方计算。

两期土方计算指的是对同一区域进行了两期测量，利用两次观测得到的高程数据建模后叠加，计算出两期之中的区域内土方的变化情况。适用的情况是两次观测时该区域都是不规则表面。

两期土方计算之前，要先对该区域分别进行建模，即生成 DTM 模型，并将生成的 DTM 模型保存起来。然后点取"工程应用\DTM 法土方计算\计算两期土方量"菜单。系统信息提示：

第一期三角网：（1）图面选择（2）三角网文件〈2〉图面选择表示当前屏幕上已经显示的 DTM 模型，三角网文件指保存到文件中的 DTM 模型。

第二期三角网：（1）图面选择（2）三角网文件〈1〉同上，根据提示选取所需模型，经计算系统弹出如图 6-14 的计算结果。

图 6-14　两期土方计算结果

2. 方格网法土方计算

由方格网来计算土方量是根据实地测定的地面点坐标（X，Y，Z）和设计高程，通过生成方格网来计算每一个方格内的填挖方量，最后累计得到指定范围内填方和挖方的土方量，并绘出填挖方分界线。

系统首先将方格的四个角上的高程相加（如果角上没有高程点，通过周围高程点内插得出其高程），取平均值与设计高程相减。然后通过指定的方格边长得到每个方格的面积，再用长方体的体积计算公式得到填挖方量。方格网法简便直观，易于操作，因此这一方法实际工作中应用非常广泛。用方格网法计算土方量，设计面可以是平面，也可以是斜面，还可以是三角网，如图 6-15 所示。

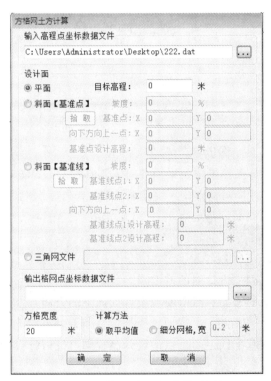

图 6-15　方格网法土方计算对话框

（1）设计面是平面时的操作步骤。

用复合线画出所要计算土方的区域，一定要闭合，尽量不要拟合。因为拟合过的曲线在进行土方计算时会用折线迭代，影响计算结果的精度。

选择"工程应用\方格网法土方计算"命令，系统信息提示：

选择计算区域边界线：选择土方计算区域的边界线（闭合复合线）。

屏幕上将弹出如图 6-15 方格网土方计算对话框，在对话框中选择所需的坐标文件；在"设计面"栏选择"平面"，并输入目标高程；在"方格宽度"栏，输入方格网的宽度，这是每个方格的边长，默认值为 20 m。由原理可知，方格的宽度越小，计算精度越高。但如果给的值太小，小于野外采集的高程点的密度也是没有实际意义的。

点击"确定"，系统信息提示：

最小高程＝××.×××，最大高程＝××.×××

请确定方格起始位置：〈缺省位置〉请指定方格倾斜方向：〈不倾斜〉

总填方＝××××.×立方米，总挖方＝××××.×立方米

同时图上绘出所分析的方格网，填挖方的分界线，并给出每个方格的填挖方，每行的挖方和每列的填方。结果如图 6-16 所示。

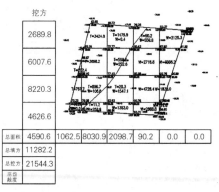

图 6-16　方格网法土方计算成果图

（2）设计面是斜面时的操作步骤。

设计面是斜面的时候，操作步骤与平面的时候基本相同，如图 6-15 方格网土方计算对话框，区别在于方格网土方计算对话框中"设计面"栏中，选择"斜面【基准点】"或"斜面【基准线】"，如果设计的面是斜面（基准点），需要确定坡度、基准点和向下方向上一点的坐标，以及基准点的设计高程。

点击"拾取"，系统信息提示：

点取设计面基准点：确定设计面的基准点。

指定斜坡设计面向下的方向：点取斜坡设计面向下的方向。

如果设计的面是斜面（基准线），需要输入坡度并点取基准线上的两个点以及基准线向下方向上的一点，最后输入基准线上两个点的设计高程即可进行计算。

点击"拾取"命令行提示：

点取基准线第一点：点取基准线的一点。

点取基准线第二点：点取基准线的另一点。

指定设计高程低于基准线方向上的一点：指定基准线方向两侧低的一边；经计算绘制出方格网计算的成果如图 6-16 所示。

（3）设计面是三角网文件时的操作步骤

选择设计的三角网文件，如图 6-15 方格网土方计算对话框，点击"确定"，即可进行方格网土方计算。

3. 等高线法土方计算

有些用户将白纸图扫描矢量化后可以得到图形。但这样的图都没有高程数据文件，所以

无法用前面的几种方法计算土方量。一般来说，这些图上都会有等高线，南方 SouthMap 地形地籍成图软件具有利用等高线计算土方量的功能。

用此功能可计算任两条等高线之间的土方量，但所选等高线必须闭合。由于两条等高线所围面积可求，两条等高线之间的高差已知，可求出这两条等高线之间的土方量、点高程、地物面积等。

技术知识

在数字测图软件环境下，利用数字地形图可以非常方便地获取各种地形信息，如量测各个点的水平坐标，两点间水平距离，量测直线的方位角。

工作拓展

使用 SouthMap 软件完成对已绘制的地形图进行土方量计算。

1．任务考核

表 6-8　任务 6-3 考核

考核内容		考核评分		
项目	内　容	配分	得分	批注
课前（20%）	能够正确理解工作任务 6-3 内容、范围及工作指令	10		
	能够查阅和理解技术规范，了解主要地物图式的技术标准及要求	5		
	确认设备及素材，检查其是否正常工作	5		
课中（50%）	正确辨识工作任务所需的软件和素材	10		
	正确检查软件和素材是否正确，完整	10		
	正确选用工具进行规范操作，完成地形地貌采集	10		
	正确掌握等高线绘制方法	10		
	安全无事故并在规定时间内完成任务	10		
课后（30%）	熟练主要地形地貌采集方式，提升动手能力	15		
	根据野外采集的数据绘制等高线	10		
	按照工作程序，填写完成作业单	5		
考核评语	考核人员：　　　　日期：　　年　月　日	考核成绩		

2．任务评价

表 6-9　任务 6-3 评价

评价项目	评价内容	评价成绩	备注
工作准备	任务领会、资讯查询、素材准备	□A □B □C □D □E	
知识储备	系统认知、知识学习、技术参数	□A □B □C □D □E	
计划决策	任务分析、任务流程、实施方案	□A □B □C □D □E	
任务实施	专业能力、沟通能力、实施结果	□A □B □C □D □E	
职业道德	纪律素养、安全卫生、积极性	□A □B □C □D □E	
其他评价			
导师签字：　　　　　　　　　　　　日期：　　　　年　月　日			

注：在选项"□"里打"√"，其中 A 为 90～100 分；B 为 80～89 分；C 为 70～79 分；D 为 60～69 分；E 为不合格。

任务 6-4 面积应用

 任务目标

使用 SouthMap 应用数字地形图进行面积的应用。

 任务描述

在数字化成图软件环境下，利用数字地形图可以非常方便地获取各种地形信息，可以对数字地形图进行直线长度调整、面积调整、计算指定范围的面积、统计指定区域面积等功能。

 任务分析

利用 SouthMap 软件，依据数字地形图进行面积应用的实践。

工作准备

1. 材料准备

本次任务所需设备及素材如表 6-10 所示。

表 6-10 任务 6-4 设备及材料清单

序号	元件名称	规　格	数　量
1	计算机	台式电脑或笔记本电脑	1 台
2	CAD	CAD 适配软件	1 套
3	SouthMap	SouthMap 适配软件	1 套
4	样例数据	数字地形图	1 套

2. 安全事项

（1）作业前请检查数据是否完整。
（2）作业前检查软件是否可用。

任务实施

1. 长度调整

主要通过选择复合线或直线，程序自动计算所选线的长度，并调整到指定的长度。

选择"工程应用\线条长度调整"命令，系统信息提示：

请选择想要调整的线条：选择要调整的线条。

线条长度是××.×××米请输入要调整到的长度（米）：输入调整长度。

需调整（1）起点（2）终点〈2〉：默认为终点；回车或右键"确定"，完成长度调整。

2. 面积调整

面积调整菜单如图 6-17 所示。

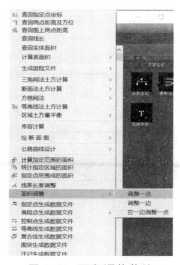

图 6-17　面积调整菜单

（1）调整一点。

调整一点功能主要是调整一点以改变封闭复合线的面积。

选择"工程应用\面积调整\调整一点"命令，系统信息提示：

请选择封闭复合线中要调整的顶点：用鼠标点取复合线要调整的顶点。

请选择封闭复合线中要调整的顶点原面积=××.×××平方米：然后移动鼠标将会在屏幕左下角看到实时变化的复合线面积数量，当面积数量达到要求的数字时，按鼠标左键确定，要调整的顶点移到新位置。

调整后面积=××.×××平方米

（2）调整一边。

调整一边功能主要是调整一边以改变封闭复合线的面积。

选择"工程应用\面积调整\调整一边"命令，系统信息提示：

请选择封闭复合线中想要调整的边：用鼠标点取想要调整的边。

所选复合线面积为×××.××平方米：系统显示原来的面积。

请输入目标面积（平方米）：输入调整后想要得到的面积。

说明：要调整的边将自动向外或向内平移以达到所要求的面积。

（3）在一边调整一点。

该功能主要是在一边调整一点以改变封闭复合线的面积。

选择"工程应用\面积调整\在一边调整一点"命令，系统信息提示：

请选择封闭复合线中被调整点所在边（点击应较靠近被调整点）：

所选复合线面积为×××.××平方米：当前复合线面积。

请输入目标面积（平方米）：输入目标面积值。

3. 计算指定范围的面积

该功能主要是计算由复合线构成的封闭地物的面积，计算结果注记在地物的重心上，并用青色阴影线填充。

选择"工程应用\计算指定范围的面积"命令，系统信息提示：

1. 选目标/2. 选图层/3. 选指定图层的目标<1>：输入 1：即要求用户用鼠标指定需计算面积的地物，可用窗选、点选等方式，计算结果注记在地物重心上，且用青色阴影线标示；输入 2：系统提示用户输入层名，结果把该图层的封闭复合线地物面积全部计算出来并注记在重心上，且用青色阴影线标示；输入 3：则先选图层，再选择目标，特别采用窗选时系统自动过滤，只计算注记指定图层被选中的以复合线封闭的地物。

是否对统计区域加青色阴影线？〈Y〉：默认为"是"，输入"N"。

总面积=×××××.××平方米：在 CAD 窗口中显示各个单体的面积，如图 6-18 所示。

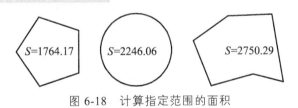

图 6-18　计算指定范围的面积

4. 统计指定区域的面积

该功能用来统计和计算并注记实地面积注记的面积总和。

选取"工程应用\统计指定区域的面积"，系统信息提示：

面积统计——可用：窗口（W.C）/多边形窗口（WP.CP）/…等多种方式选择已计算过面积的区域。

选择对象：选择面积文字注记，也可用鼠标拉一个窗口。

总面积=6760.52 平方米（以图 6-18 数据为例）。

5. 指定点所围成的面积

该功能计算由鼠标指定的点所围成区域的面积。

选取"工程应用\指定点所围成的面积"，系统信息提示：

指定点：用鼠标指定想要计算的区域的第一点，底行将一直提示指定点，直到按鼠标的右键或回车键确认指定区域封闭（结束点和起始点并不是同一个点，系统将自动地封闭结束

点和起始点)。

总面积 = ×××××.××平方米。

地形图具有严格的数学基础，采用图形符号、文字注记和制图综合原则，科学地表示了地球或其他星球自然表面的形状。所以，地形图具有以下特性：

1. 量测性

地形图具有严格的数学基础，采用坐标系、地图投影和比例尺等数学方法将地形要素精确定位，因此，在地形图上可以精确量测点的坐标、线的长度和方向、区域的面积和三维物体的体积等。

2. 直观性

地形图采用地图符号系统表达各种地形要素，地图符号系统由符号、色彩及相应的数字或文字注记构成，能形象直观地准确表达地形要素的位置、范围、数量和质量特征、空间分布规律以及他们之间的相互联系和动态变化。

3. 综合性

地形图是缩小了的地球自然表面，不可能完全表达地面上全部地形信息，必须根据不同用途，对地形要素进行综合取舍，以突出重要内容。

一直以来，地形图在经济建设、国防军事、科学研究、文化教育等领域都得到广泛应用，已成为规划设计、分析评价、决策管理、军事指挥、防洪救灾等工作的重要工具。

利用数字地形图可以建立数字地面模型（DTM）。利用 DTM 可以绘制不同比例尺的等高线地形图、地形立体透视图、地形断面图，确定汇水范围和计算面积，确定场地凭证的填挖边界和计算土方量。在公路和铁路设计中，可以绘制 DTM 的三维轴视图和纵、横断面图，辅助自动选线设计。

与传统的纸质地形图相比，数字地形图的应用具有明显的优越性和广阔的发展前景。随着科学技术的高速发展和社会信息化程度不断提高，数字地形图将会发挥越来越大作用。

地形图基本量算包括平面位置、高程、距离、坡度、方位等内容。它是一切应用的基础。对于数字地形图，在计算机屏幕进行量算时结果转换到用户需要的坐标系中。

使用 SouthMap 软件完成对已绘制的地形图面积量测。

1. 任务考核

表 6-11　任务 6-4 考核

考核内容		考核评分		
项目	内　容	配分	得分	批注
课前（20%）	能够正确理解工作任务 6-4 内容、范围及工作指令	10		
	能够查阅和理解技术规范，了解主要地物图式的技术标准及要求	5		
	确认设备，检查其是否正常工作	5		
课中（50%）	正确辨识工作任务所需的软件和素材	10		
	正确检查软件和素材是否正确，完整	10		
	正确选用工具进行规范操作，完成数字地形面积测量	20		
	安全无事故并在规定时间内完成任务	10		
课后（30%）	熟练掌握地形图绘制方法，提升动手能力	15		
	完成指定地形图的面积量测	10		
	按照工作程序，填写完成作业单	5		
考核评语	考核人员：　　　日期：　　年　月　日	考核成绩		

2. 任务评价

表 6-12　任务 6-4 评价

评价项目	评价内容	评价成绩	备注
工作准备	任务领会、资讯查询、素材准备	□A □B □C □D □E	
知识储备	系统认知、知识学习、技术参数	□A □B □C □D □E	
计划决策	任务分析、任务流程、实施方案	□A □B □C □D □E	
任务实施	专业能力、沟通能力、实施结果	□A □B □C □D □E	
职业道德	纪律素养、安全卫生、积极性	□A □B □C □D □E	
其他评价			
导师签字：		日期：　　　年　月　日	

注：在选项"□"里打"√"，其中 A 为 90~100 分；B 为 80~89 分；C 为 70~79 分；D 为 60~69 分；E 为不合格。

项目小结

大比例尺数字地形图是工程建设中的重要资料，许多操作计算都可以在 SouthMap 软件中来实现。本章从大比例尺数字地形图的基本应用出发，主要讲述了在 SouthMap 软件中进行基本几何要素量测、断面图绘制、土方量的计算和面积应用的方法。熟练掌握软件的操作方法，可以更好地为工程建设服务。

项目评价

在本项目教学和实施过程中，教师和学生可以根据以下项目考核评价表对各项任务进行考核评价。考核主要针对学生在技术知识、任务实施（技能情况）、拓展任务（实战训练）的掌握程度和完成效果进行评价。

表 6-13　项目 6 评价

工作任务	评价内容									
	技术知识		任务实施		拓展任务		完成效果		总体评价	
	个人评价	教师评价	个人评价	教师评价	个人评价	教师评价	个人评价	教师评价	个人评价	教师评价
任务 6-1										
任务 6-2										
任务 6-3										
任务 6-4										
存在问题与解决办法（应对策略）										
学习心得与体会分享										

实训与讨论

一、实训题

1. 使用 SouthMap 软件对数字地形图进行基本几何要素量测。

2. 使用 SouthMap 软件对数字地形图进行土方量的计算。

3. 使用 SouthMap 软件对数字地形图进行断面图绘制。

4. 使用 SouthMap 软件对数字地形图进行面积应用。

二、讨论题

1. SouthMap 可进行哪几种基本几何要素的量算？
2. 绘制断面有几种方法？
3. 土方计算有几种方法？

项目 7 实景三维测图

知识目标

- 了解实景三维测图基本知识。
- 掌握三维测图软件的安装环境与安装方法。
- 掌握实景三维测图基本流程。
- 掌握实景三维模型的地物绘制方法。
- 掌握实景三维模型的地形绘制方法。

技能目标

- 利用实景三维模型进行常见地物和地形绘制。
- 会利用实景三维模型进行高程点采集及地形绘制。

素质目标

- 遵纪守法，遵守国家法律法规、行业规范，作风严谨。
- 培养吃苦耐劳、勇于开拓、积极进取的劳动精神。
- 培养精益求精的工匠精神，集体意识和团队合作精神。

工作任务

- 任务 7-1 SouthMap3D 软件安装
- 任务 7-2 实景三维数据加载
- 任务 7-3 基本地物绘制
- 任务 7-4 地形绘制

任务 7-1　SouthMap3D 软件安装

任务目标

完成 SouthMap 软件与 SouthMap3D 软件的安装，安装后如图 7-1 所示。

图 7-1　SouthMap3D 软件安装后界面

任务描述

SouthMap3D 是由广州南方卫星导航仪器有限公司自主研发，挂接式安装至 SouthMap 平台，支持加载、浏览 DSM（数字地表模型），并基于 DSM 采集、编辑、修补 DLG 的三维测图软件。因此，本部分的任务分为两部分，即 SouthMap 安装和 SouthMap3D 安装。

任务分析

SouthMap3D 是基于 SouthMap 基础研发的三维绘图软件，目前支持 2015～2020 AutoCAD64 位版本。也可以基于任何 SouthMap 版本安装 3D 模块进行软件升级。

工作准备

1. 材料准备

SouthMap3D 软件安装需要准备好计算机、CAD 软件、SouthMap 软件等硬件、软件设备和材料，如表 7-1 所示。

表 7-1 任务 7-1 设备及材料清单

序号	元件名称	规　格	数　量
1	计算机	台式电脑或笔记本电脑	1 台
2	CAD	CAD 适配软件	1 套
3	SouthMap	SouthMap 适配软件	1 套
4	SouthMap3D	SouthMap3D 适配软件	1 套

2．注意事项

（1）作业前请检查计算机系统 Windows 7 及以上。

（2）检查 CAD、SouthMap、SouthMap3D 相适配的软件安装包。

（3）软件授权软件狗（试用版免狗）。

任务实施

安装 SouthMap3D 程序安装步骤：

（1）双击软件安装包，弹出安装向导窗口（图 7-2），在继续之前确认已关闭 SouthMap。

图 7-2 SouthMap3D 安装

（2）出现图 7-3 所示界面，选择 SouthMap 版本。

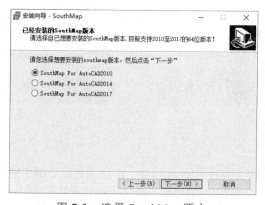

图 7-3 选择 SouthMap 版本

（3）点击下一步，按照提示完成安装（图7-4）。

图7-4　SouthMap3D安装完成

技术知识

1．认识倾斜摄影测量技术

倾斜摄影测量技术主要是从垂直和倾斜，共5个不同角度采集影像数据，在摄像时，记录如航速、航向、航高等姿态信息特征，最后通过软件（如：Smart3D、Context Capture Center等）对影像进行后期数据处理构建三维模型。无人机的产生使得倾斜摄影测量技术得到了迅速的发展，可以从一个垂直角度和四个倾斜角度获得多视角的影像。所拍摄影像可以提供更多的信息，减少遮挡物的影响，而且可以在重叠区进行性相互验证，因此在获得其三维模型时，具有很大的优势。到目前为止，世界上大量的城市都进行过或正在进行倾斜影响测量，而且每几年就更新一次。

传统三维建模通常使用3dsMax，AutoCAD等建模软件，基于影像数据、CAD平面图或者拍摄图片估算建筑物轮廓与高度等信息，进行人工建模。这种方式制作出的模型数据精度较低，纹理与实际效果偏差较大，并且生产过程需要大量的人工参与；同时数据制作周期较长，造成数据的时效性较低，因而无法真正满足用户需要。

倾斜摄影测量技术以大范围、高精度和高清晰的方式全面感知复杂场景，所获得三维数据可真实地反映地物的外观、位置、高度等属性，增强了三维数据所带来的真实感，弥补了传统人工模型仿真度低的缺点。同时该技术借助无人机飞行载体可以快速采集影像数据，实现全自动化的三维建模。实验数据证明：传统测量方式需要1-2年的中小城市人工建模工作，借助倾斜摄影测量技术只需3-5个月就可完成。

相比其他三维建模方式，倾斜摄影建模具有以下几个方面优势：

（1）反映地物周边真实情况。相对于正射影像，倾斜影像能让用户从多个角度观察地物，能够更加真实地反映地物的实际情况，极大地弥补了基于正射影像应用的不足。

（2）倾斜影像可实现单张影像量测。通过配套软件的应用，可直接基于成果影像进行包括高度、长度、面积、角度和坡度等的量测，扩展了倾斜摄影技术在行业中的应用。

（3）建筑物侧面纹理可采集。针对各种三维数字城市应用，利用航空摄影大规模成图的特点，加上从倾斜影像批量提取及贴纹理的方式，能够有效地降低城市三维建模成本。

（4）数据量小易于网络发布。相较于三维 GIS 技术应用庞大的三维数据，应用倾斜摄影技术获取的影像的数据量要小得多，其影像的数据格式可采用成熟的技术快速进行网络发布，实现共享应用。

2．认识实景三维建模

倾斜三维高精度测图解决方案是基于倾斜摄影技术、实景三维模型技术对地形、地貌数据进行采集，是利用实景三维模型进行的"裸眼"测图。用低空无人机搭载多方向镜头进行倾斜摄影测量，全方位获取建筑物纹理信息，通过三维建模精确还原建筑物形状。在内业测图中，无需戴立体眼镜，裸眼可清晰看到建筑群体的分布状况、房屋结构、层数；通过旋转，可以全方位观察到建筑物的每一个细节，真实全面；可直接在实景三维模型上勾绘建筑物图斑，测量和记录其属性数值，大量的外业工作在内业实景三维模型上即可完成，高效便捷。

倾斜三维高精度测图解决方案是革命性的测绘新技术，可以满足 1∶500～1∶2000 地形测绘、不动产测量界址点 5 cm 的高精度要求，减少 80% 以上外业工作量，大幅降低生产成本，提高成图效率和成图质量。

倾斜三维测图方案主要特色功能：

1）安全高效

（1）外业劳动强度大幅降低，作业更安全，作业环境更灵活，避免大量外业调绘工作，避免危险作业环境，受天气影响小，可节省大量时间；

（2）获取数据效率更高，受地形影响小，解决外业无法到达地方的测图问题，能够通过点云高效的自动生成等高线和生成高程点，能大幅提高获取数据效率；

（3）内业工作效率高，无需传统立测的 3D 眼镜、手轮、脚盘，软件门槛低，内业作业员能快速掌握并熟练技术；内业作业员一天能够完成 0.1 km² 的 1∶500（综合地形）的三维测图工作，较传统的航测内业加外业制图方案，作业效率跨越式提升。

2）高精度

倾斜摄影的数据量丰富，低空无人机技术可获取高分辨率的影像数据，数据精度也大幅提升。实景三维模型相对传统立体相对更能再现外业实景，可精确获取地物信息，例如避免房檐改正。根据多次实际项目中甲方的验收结果，完全可以满足 1∶500 地形和地籍的精度。

主流的倾斜三维测图软件主要有清华山维 EPS、SV360 三维智测系统、南方数码 iData_3D、DP-Mapper、航天远景 MapMatrix3D 等。

图 7-5   SouthMap3D 操作界面

3．认识 SouthMap3D 软件

SouthMap3D 南方三维立体数据采集软件是一款挂接式安装至 SouthMap（南方地形地籍成图软件）的插件式软件。SouthMap3D 支持 SouthMap 环境下倾斜三维模型的加载与浏览，支持三维模型直接采集、补测 DLG 数据，各个工具按钮功能如表 7-2 所示。

表 7-2   各个工具按钮的功能

按钮名称	功　能
开关模型	打开模型、关闭模型
绘图模式	3D 或者 2D 绘图模式
屏幕模式	分屏、弹窗、全屏
视角	俯视、侧视、仰视、前视、后视、左视、右视
投影方式	透视投影、平视投影、俯视投影、任意投影、正射投影
同步矢量	2D 视图矢量数据同步到 3D 视图
插入影像	二维窗口插入正射影像数据
高程点	闭合区域提取高程点、线上提取高程点
等高线	绘制等高线、提取等高线、局部调整等高线
节点编辑	实体加点、实体删点、移动实体点、修改三维坐标
数据采编	偏移拷贝、更改矢量高度、固定高程

工作拓展

根据上述操作方式，在自己的电脑上完成 CAD、SouthMap 安装。

1. 任务考核

表7-3　任务7-1考核

考核内容			考核评分		
项目	内　容		配分	得分	批注
工作准备（40%）	能够正确理解工作任务7-1内容、范围		10		
	能够查阅和理解相关资料，确认 CAD\ SouthMap\SouthMap3D 适配版本		5		
	成功安装 CAD 软件		10		
	成功安装 SouthMap 软件		10		
	确认设备及软件，检查其是正常工作		5		
实施程序（40%）	正确下载 SouthMap3D 软件包		10		
	成功 SouthMap3D 软件，并能正常运行		10		
	正确选用工具进行规范操作，完成软件安装、测试		10		
	安全无事故并在规定时间内完成任务		10		
课后（20%）	熟悉 SouthMap3D 的界面、功能介绍		10		
	查阅资料了解 SouthMap3D 的功能介绍		10		
考核评语	考核人员：　　　　日期：　　年　月　日		考核成绩		

2. 任务评价

表7-4　任务7-1评价

评价项目	评价内容	评价成绩	备注
工作准备	任务领会、资讯查询、安装包准备	□A □B □C □D □E	
知识储备	基础知识、技术参数	□A □B □C □D □E	
计划决策	任务分析、任务流程、实施方案	□A □B □C □D □E	
任务实施	专业能力、沟通能力、实施结果	□A □B □C □D □E	
职业道德	纪律素养、安全卫生、积极性	□A □B □C □D □E	
其他评价			
导师签字：　　　　　　　　　　　日期：　　　　年　月　日			

注：在选项"□"里打"√"，其中 A 为 90～100 分；B 为 80～89 分；C 为 70～79 分；D 为 60～69 分；
E 为不合格。

任务 7-2 实景三维数据加载

 任务目标

使用 SouthMap3D 软件在三维屏幕加载实景三维模型（osgb），同时可以在二维屏幕加载正射影像图（tif）。

 任务描述

本次任务通过 SouthMap3D 软件在三维屏幕加载实景三维模型（osgb），在二维屏幕加载正射影像图（tif），从而以此 CAD 平台快速加载实景三维模型和影像图。

 任务分析

实景三维模型已成为重要的地理信息数据。三维测图是革命性的测绘新技术，利用实景三维模型或精细模型"裸眼"测图，可以满足 1：500-1：2000 地形测绘、不动产测量界址点 5 厘米的高精度要求，减少 80% 以上外业工作量，大幅降低生产成本，提高成图效率和成图质量，必将取代传统的全站仪测图或航测立体测图。

本次任务利用 SouthMap3D 软件在 CAD 平台加载新型的实景三维格式，发挥实景三维模型逼真、直观、高精度等特点，结合 SouthMap 地形图成图功能，以三维模式实现测图。

工作准备

1. 材料准备

SouthMap3D 软件安装需要准备好计算机、CAD 软件、SouthMap 软件等硬件、软件设备和实景三维模型和正射影像图数据，如表 7-5 所示。

表 7-5　任务 7-1 设备及材料清单

序号	元件名称	规　格	数　量
1	计算机	台式电脑或笔记本电脑	1 台
2	CAD	CAD 适配软件	1 套
3	SouthMap	SouthMap 适配软件	1 套
4	SouthMap3D	SouthMap3D 适配软件	1 套
5	实景三维模型	实景三维模型（osgb）	1 份
6	正射影像图	正射影像图（tif\img\jpg）	1 份

2．安全事项

（1）作业前请检查数据是否完整。

（2）作业前检查软件是否可用。

1．加载实景三维模型

（1）单击工具栏上的打开和关闭三维模型按钮，如图 7-6 所示。

图 7-6　3D 工具栏

（2）选择实景三维模型数据目录，提供多种格式，比如 osgb、obj、xml、s3c 等格式，如图 7-7 所示。

图 7-7　模型文件

（3）选择相应的格式文件，在 SouthMap 的 3D 窗口即可显示三维模型，如图 7-8 所示。

图 7-8　三维模型显示

2. 插入正射影像图

（1）将鼠标移到 SouthMap3D 图标，自动弹出 SouthMap3D 功能菜单，如图 7-9 所示。

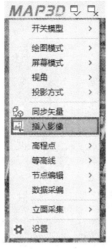

图 7-9　SouthMap3D 功能菜单

（2）单击插入影像，弹出影像列表，如图 7-10 所示。

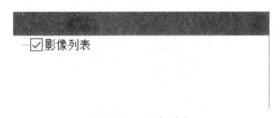

图 7-10　影像列表

（3）右键"影像列表—添加影像"，弹出影像模式选项，提供本地影像和网络影像两种模式，如图 7-11 所示。

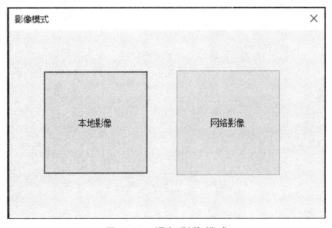

图 7-11　添加影像模式

（4）选择正射影像图数据，提供三种格式，即 tif、img 和 jpg，如图 7-12 所示。

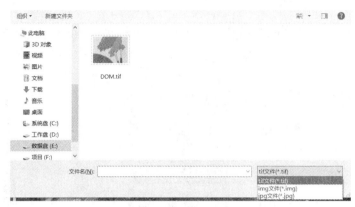

图 7-12　正射影像图格式

（5）生成影像金字塔，选择正射影像图后，软件会自动生成影像金字塔，如图 7-13 所示。

图 7-13　生成影像金字塔

（6）正射影像图显示。生成影像金字塔后，2D 屏幕显示正射影像图，如图 7-14 所示。

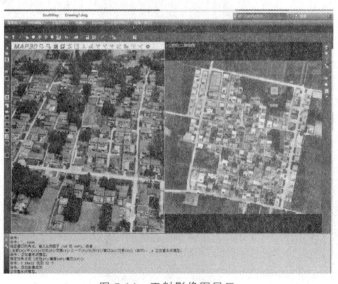

图 7-14　正射影像图显示

1.实景三维模型格式（OSGB）

目前市面上生产的倾斜模型，尤其 Smart3D 处理的倾斜摄影三维模型数据的组织方式一般是二进制存贮的、带有嵌入式链接纹理数据（jpg）的 OSGB 格式。Open Scene Gragh Binary 是 OSGB 的全称，这里的 Binary 是二进制的意思。

此类数据文件碎、数量多、高级别金字塔文件大等特点难以形成高效、标准的网络发布方案，从而无法实现不同地域、不同部门之间数据共享，如图 7-15 所示。

Tile +008 +007.osgb	Tile +008 +007 L21 0000130.osgb
Tile +008 +007 L15 0.osgb	Tile +008 +007 L21 0000200.osgb
Tile +008 +007 L16 00.osgb	Tile +008 +007 L21 0000210.osgb
Tile +008 +007 L17 000.osgb	Tile +008 +007 L21 0000220.osgb
Tile +008 +007 L18 0000t3.osgb	Tile +008 +007 L21 0000230.osgb
Tile +008 +007 L19 00000t3.osgb	Tile +008 +007 L21 0000300.osgb
Tile +008 +007 L19 00010t3.osgb	Tile +008 +007 L21 0000310.osgb
Tile +008 +007 L19 00020t3.osgb	Tile +008 +007 L21 0000320.osgb
Tile +008 +007 L19 00030t3.osgb	Tile +008 +007 L21 0000330.osgb
Tile +008 +007 L20 000000t3.osgb	Tile +008 +007 L21 0001000.osgb
Tile +008 +007 L20 000010t3.osgb	Tile +008 +007 L21 0001010.osgb
Tile +008 +007 L20 000020t3.osgb	Tile +008 +007 L21 0001020.osgb
Tile +008 +007 L20 000030t3.osgb	Tile +008 +007 L21 0001030.osgb
Tile +008 +007 L20 000100t3.osgb	Tile +008 +007 L21 0001100.osgb
Tile +008 +007 L20 000110t3.osgb	Tile +008 +007 L21 0001110.osgb
Tile +008 +007 L20 000120t3.osgb	Tile +008 +007 L21 0001120.osgb
Tile +008 +007 L20 000130t3.osgb	Tile +008 +007 L21 0001130.osgb
Tile +008 +007 L20 000200t3.osgb	Tile +008 +007 L21 0001200.osgb
Tile +008 +007 L20 000210t3.osgb	Tile +008 +007 L21 0001210.osgb
Tile +008 +007 L20 000220t3.osgb	Tile +008 +007 L21 0001220.osgb
Tile +008 +007 L20 000230t3.osgb	Tile +008 +007 L21 0001230.osgb

图 7-15　OSGB 格式样例

2.实景三维模型格式（OBJ）

OBJ 文件是 Alias|Wavefront 公司为它的一套基于工作站的 3D 建模和动画软件"Advanced Visualizer"开发的一种标准 3D 模型文件格式，很适合用于 3D 软件模型之间的互导，也可以通过 Maya 读写。比如 Smart3D 里面生成的模型需要修饰，可以输出 OBJ 格式，之后就可以导入到 3dsMax 进行处理；或者在 3dsMax 中建了一个模型，想把它调到 Maya 里面渲染或动画，导出 OBJ 文件就是一种很好的选择。

OBJ 文件一般包括三个子文件，分别是 obj、mtl、jpg，除了模型文件，还需要 jpg 纹理文件。目前几乎所有知名的 3D 软件都支持 OBJ 文件的读写，不过其中很多需要通过插件才能实现。另外 OBJ 文件还是一种文本文件，可以直接用写字板打开进行查看和编辑修改。OBJ 可以是传统模型，也可以是倾斜模型。

根据上述操作方式，在自己的电脑上使用 SouthMap 和 SouthMap3D 软件打开实景三维模型和影像图，熟悉二三维功能和操作。

1．任务考核

表 7-6　任务 7-2 考核

考核内容			考核评分		
项目	内　容	配分	得分	批注	
工作准备（30%）	能够正确理解工作任务 7-2 内容、范围	10			
	能够查阅和理解技术手册	5			
	准备好实训所需要的样例数据	5			
	查阅并了解实景三维模型格式等相关资料	5			
	确认设备及软件，检查其是否安全及正常工作	5			
实施程序（50%）	成功加载实景三维模型数据	10			
	成功加载相应的正射影像图数据	10			
	熟悉三维的简单操作	15			
	安全无事故并在规定时间内完成任务	15			
课后（20%）	熟悉实景三维的基本操作	10			
	通过正射影像和实景三维模型了解模型情况，特点	5			
	按照工作程序，填写完成作业单	5			
考核评语	考核人员：　　　　日期：　　年　月　日	考核成绩			

2．任务评价

表 7-7　任务 7-2 评价

评价项目	评价内容	评价成绩	备注
工作准备	任务领会、资讯查询、素材准备	□A □B □C □D □E	
知识储备	系统认知、原理分析、技术参数	□A □B □C □D □E	
计划决策	任务分析、任务流程、实施方案	□A □B □C □D □E	
任务实施	专业能力、沟通能力、实施结果	□A □B □C □D □E	
职业道德	纪律素养、安全卫生、态度、积极性	□A □B □C □D □E	
其他评价			
导师签字：		日期：　　　　年　月　日	

注：在选项"□"里打"√"，其中 A 为 90～100 分；B 为 80～89 分；C 为 70～79 分；D 为 60～69 分；
　　E 为不合格。

任务 7-3 基本地物绘制

◈ 任务目标

利用 SouthMap3D 软件进行实景三维模型基本地物采集与绘制。

◈ 任务描述

利用 SouthMap3D 软件加载实景三维模型和正射影像图,基于这些数据进行地物的采集,主要采集居民地、水系、交通、管线、境界、地貌等。主要熟悉如何利用 SouthMap3D 软件进行采集,熟悉软件操作,采集方法等。

◈ 任务分析

本次任务可以根据地物种类进行采集:主要是居民地,陡坎等有投影差的地物,而对于其他地物,可以将实景三维模型和正射影像图结合进行采集。因此,本部分地物主要学习不同类型的居民地采集,其他地物的采集方法参考前面部分。

工作准备

1. 材料准备

SouthMap3D 地物采集主要准备好计算机、SouthMap3D 相关软件、实景三维模型和相应的正射影像图等材料和数据,如表 7-8 所示。

表 7-8　任务 7-3 设备及材料清单

序号	元件名称	规　格	数　量
1	计算机	台式电脑或笔记本电脑	1 台
2	CAD	CAD 适配软件	1 套
3	SouthMap	SouthMap 适配软件	1 套
4	SouthMap3D	SouthMap3D 适配软件	1 套
5	实景三维模型	实景三维模型(osgb)	1 份
6	正射影像图	正射影像图(tif\img\jpg)	1 份

2．安全事项

（1）作业前请检查数据是否完整，主要利用有多种房屋类型的三维模型，模型质量较佳。

（2）作业前检查软件是否可用。

1．加载实景三维模型

参照任务 7-2 的方法加载实景三维模型，加载后效果如图 7-16 所示。

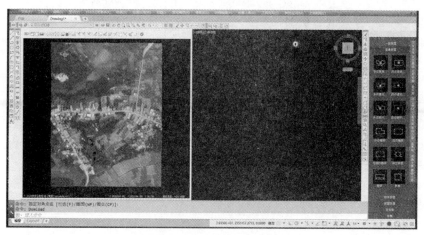

图 7-16　加载实景三维模型

2．加载正射影像图

加载正射影像图，并按提示输入成图比例尺，这里以 1∶1000 为例，如图 7-17 所示。

图 7-17　加载实景三维模型和正射影像图

3. 房屋绘制

1）四点房屋绘制

首先从实景三维模型观察房屋类型，确定为"四点砖房屋"，如图 7-18 所示。

图 7-18　四点砖房屋

从 SouthMap 地物别中找到并单击"四点砖房屋"，启动绘制，如图 7-19 所示。

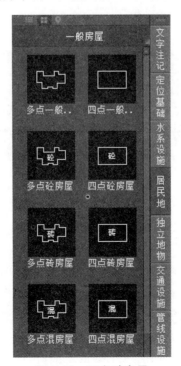

图 7-19　四点砖房屋

在命令栏输入采集方式，包括 4 种方法：已知三点；已知两点及宽度；已知两点及对面一点；已知四点。如图 7-20 所示。

图 7-20　命令栏与输入采集方式

在命令栏输入方法的数字，默认为"1"，在模型上采集三个角点，自动完成矩形房屋的绘制，最终输入层数，即完成该栋房屋的绘制，如图 7-21 所示。

图 7-21　三点绘制四点房屋

2）多点房屋绘制

首先从实景三维模型观察房屋类型（图 7-22），确定为"多点混房屋"。

图 7-22　多点混房样例

从 SouthMap 地物别中找到并单击"多点混房屋",启动绘制,如图 7-23 所示。

图 7-23　多点混房屋

鼠标左键可以旋转三维模型,逐个房角点采集,按提示输入"C"闭合,输入层数,自动完成绘制,如图 7-24 所示。

图 7-24　逐点绘制房屋

由于逐点绘制房屋,要求每个点位采集准确,才能保证图形的精度,对采集人员和模型质量要求高。考虑到房屋的直角化,可以开启"直角绘图"。在模型房屋一角采集一点,启动绘制,在输入栏按提示"直角绘图 W"输入"W"开启直角化绘图,如图 7-25 所示。

图 7-25　直角绘图 W

在模型一边上采集一点，由此两点构成一条直线。然后逐个面上采集一点，自动直角化，直到整个多边形采集完成，最后输入层数，完成绘制，如图 7-26 所示。房屋附属"檐廊"后面再讲解。

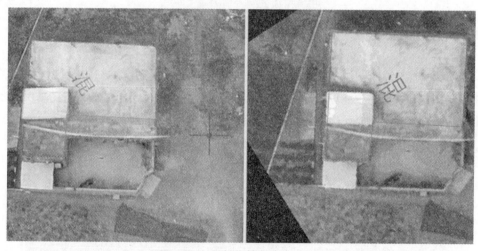

图 7-26　直角化绘制多点房屋

同时，通过叠加正射影像图可以检查该房屋绘制平面位置是否准确。如果房角点采集位置不准，可以移动实体点。

3）自动提取房屋边界

SouthMap3D 提供自动提取房屋边界的方式，即双击左键快速提取房屋，具体方法如下：

首先打开设置，启动智能绘房，在 SouthMap3D 菜单中设置，在智能绘房栏勾选"双击左键启用"，然后确定，图 7-27 所示。

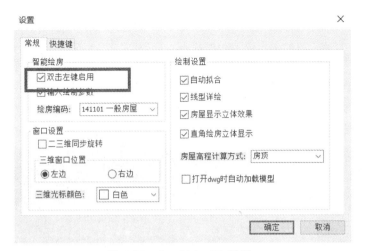

图 7-27 SouthMap3D 设置

回到三维模型，找到需要采集的房屋，在墙面双击，以双击点的高度自动进行切面，生成房屋边线，同时，滚动鼠标中键，可以调节切面的高程，左下角会同步显示房屋边界线，如图 7-28 所示。

图 7-28 智能绘房

具体的绘制方法与技巧：

（1）墙面双击左键或者控制键墙面双击右键[重新]轮廓提取【滚轮】调整双击左键的房屋轮廓高程；

（2）右键确认实体合格；

（3）控制键+滚轮调整参数。

右键确认后，按提示相继输入房屋结构选项和层数。

房屋结构提供一般房屋，砼、砖、铁、钢、木、混等选项。

层数，只有地上的直接输入层数，如果有地下室，则按"房屋层数-地下层数"的格式输入，如图 7-29。

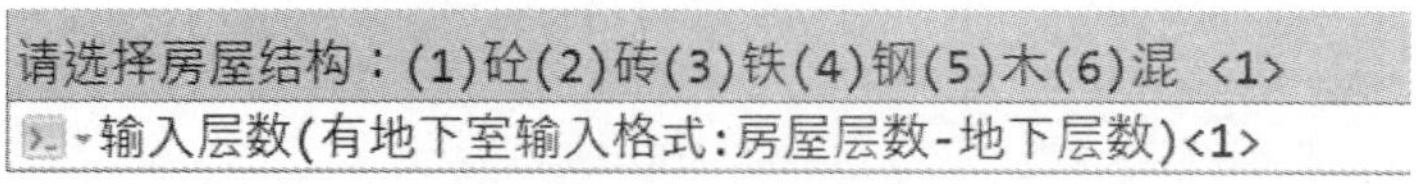

请选择房屋结构：(1)砼(2)砖(3)铁(4)钢(5)木(6)混 <1>
输入层数(有地下室输入格式:房屋层数-地下层数)<1>

图 7-29 智能绘房命令格式

然后，自动完成房屋绘制，如图 7-30 所示。

砼2

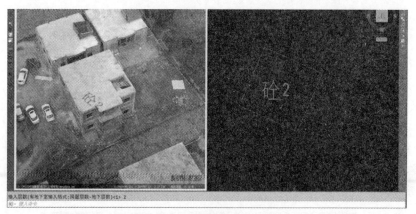

图 7-30 智能绘房样例图

4）房屋附属采集——阳台

找到房屋附属——阳台，如图 7-31 所示。

一般房屋
普通房屋
特殊房屋
房屋附属
阳台
依比例地..

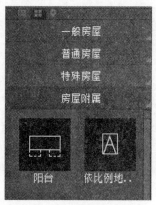

图 7-31 房屋附属——阳台

提示输入阳台绘制方法，提供了三种方法，即：

（1）已知外端两点；

（2）皮尺量算；

（3）多功能复合线。

以方法（1）为例，按提示：选择房屋所在房屋的墙壁→输入阳台外端第一点→输入阳台外端第二点，然后完成绘制，如图 7-32 所示。

图 7-32　阳台绘制样例

4．道路绘制

由于道路没有投影差，建议加载影像图进行绘制。

针对要采集的对象，首先判断道路的类别，选择相应的符号绘制。以图 7-33 所示，为乡村机耕路，可以先采集虚线或实线，选择相应的符号。

图 7-33　道路绘制

先采集道路一边线，右键确认后，提示是否拟合，输入"Y"或"N"。

提示道路生成方式，1）边点式；2）边宽式。其中，边点式在另一边选一点，边宽式需要输入道路宽度，即可完成绘制，如图 7-34 所示。

图 7-34　道路绘制样例

其他地物可以结合实景三维模型和正射影像图进行绘制。

工作拓展

参照以上操作，以某一房屋区域进行地物绘制，注意房屋附属的采集。

考核评价

1. 任务考核

表 7-9 任务 7-3 考核

考核内容			考核评分		
项目	内　容	配分	得分	批注
课前（20%）	能够正确理解工作任务 7-3 内容、范围及工作指令	10		
	能够查阅和理解技术规范，了解主要地物图式的技术标准及要求	5		
	确认设备及素材，检查其是否安全及正常工作	5		
课中（50%）	正确辨识工作任务所需的软件和素材。	10		
	正确检查软件和素材是否正确，完整	10		
	正确选用工具进行规范操作，完成地物采集	10		
	正确掌握地形图图式的使用	10		
	安全无事故并在规定时间内完成任务。	10		
课后（30%）	熟练主要地物采集方式，提升动手能力	15		
	完成指定区域地物的采集、准确性。	10		
	按照工作程序，填写完成作业单。	5		
考核评语	考核人员：　　　日期：　　年　月　日	考核成绩		

2. 任务评价

表 7-10 任务 7-3 评价

评价项目	评价内容	评价成绩	备注
工作准备	任务领会、资讯查询、素材准备	□A □B □C □D □E	
知识储备	系统认知、知识学习、技术参数	□A □B □C □D □E	
计划决策	任务分析、任务流程、实施方案	□A □B □C □D □E	
任务实施	专业能力、沟通能力、实施结果	□A □B □C □D □E	
职业道德	纪律素养、安全卫生、态度积极性	□A □B □C □D □E	
其他评价			
导师签字：		日期：　　年　月　日	

注：在选项"□"里打"√"，其中 A 为 90～100 分；B 为 80～89 分；C 为 70～79 分；D 为 60～69 分；
　　E 为不合格。

任务 7-4　地形绘制

 任务目标

使用 SouthMap3D 实现高程点采集。

 任务描述

根据地形图比例尺和地形的特点采集高程点，提供多种方式，包括单点采集高程点、根据多段线按间隔采集高程点、根据区域范围按间隔采集高程点。

等高线的绘制，可以根据高程点构建三角线，再绘制等高线，也可以手绘等高线。

本次任务主要学习 SouthMap3D 进行实景三维模型高程点采集。

 任务分析

本次任务需要采集高程点，绘制等高线。实景三维模型具有高精度、三维信息丰富等特点，可以提供任意地方的三维信息，可以方便采集高程点，但是，对于植被区域，采集的高程信息是植被顶部的高程信息，需要减去植被高才能得到地面点，可能导致高程点精度丢失或引入误差。

SouthMap3D 提供多种高程点采集方式，可以提高采集效率，等高线绘制直观。

工作准备

1．材料准备

本次任务所需设备及素材如表 7-11 所示。

表 7-11　任务 7-4 设备及材料清单

序号	元件名称	规　格	数　量
1	计算机	台式电脑或笔记本电脑	1 台
2	CAD	CAD 适配软件	1 套
3	SouthMap	SouthMap 适配软件	1 套
4	SouthMap3D	SouthMap3D 适配软件	1 套
5	实景三维模型	实景三维模型（osgb 格式）	1 份
6	正射影像图	正射影像图（tif\img\jpg）	1 份

2．安全事项

（1）作业前请检查数据是否完整，主要利用有多种房屋类型的三维模型，模型质量较佳。

（2）作业前检查软件是否可用。

1．高程点采集

高程点采集方式，包括三种，即：

（1）点选方式：以单击处为圆心，在圆心处增加高程点。

（2）线选方式：在等高线间距有效时，沿所划线方向每相隔输入间距值增加高程点，右键结束。

（3）面选方式：按给定网格间距在所选范围内生成的网格中心位置增加高程点，右键结束。

1）点选方式采集高程点

直接在实景三维模型或正射影像图上单击地面点，SouthMap3D 自动提取该处高程值。

具体操作方法：

（1）加载实景三维模型和正射影像图；

（2）SouthMap 实用工具栏，找到"交互展点"即".91"工具，如图 7-35 所示，并提示"是否将所展点追加到数据文件中？"。

图 7-35 交互展点工具

（3）在实景三维模型上单击地面，即刻把该处高程值展示出来，如图 7-36 所示。

图 7-36 单点采集高程点

2）线上采集高程点

按照等分或等距的方式，在已有的线实体上，自动生成高程点。

系统提供 3 种提取方式：

（1）等分方式：沿线走向平均分布，生成指定数量的高程点。

（2）等距方式：沿线走向，根据设置的间隔距离，等距离生成高程点。

（3）节点提取：只在线端点上生成高程点。

具体操作方法：

（1）绘制一条多段线。

（2）单击线上提取高程点，如图 7-37 所示。

图 7-37 线上提取高程点工具

（3）提示选择需要提取高程的实体，即选择多段线。

（4）设置提取方式，提供 3 种方式，并设置提取精度，如图 7-38 所示。

图 7-38　线上提取高程点选项

（5）确定后，自动完成高程点提取，如图 7-39 所示。

图 7-39　线上提取高程点结果

3）闭合区域提取高程点

根据设定的高程点间距，在模型上指定的或绘制的闭合范围线内，按照指定方向等距生成高程点，适用于裸地或建筑物和植被不多的模型。

具体操作方法：

（1）加载实景三维模型和正射影像图。

（2）绘制需要提取高程点的闭合区域。

（3）从 SouthMap 工具条上选择"闭合区域提取高程点"，如图 7-40 所示。

图 7-40　闭合区域

（4）点击"闭合区域提取高程点"，直接选择闭合线，或者输入 D 并按回车键确认，绘制闭合线。

（5）弹出"面内高程点参数设置"对话框，输入采点间距和提取精度，如图 7-41 所示。

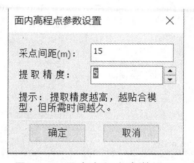

图 7-41　面内高程点参数设置

（6）点击"确定"等待生成完毕，如图 7-42 所示。

图 7-42　闭合区域高程点提取

2. 等高线绘制

1）绘制等高线

设定等高距，指定模型上某一固定高程值，手动采集这一高程的等高线，如图 7-43 所示。操作方法：

（1）点击"绘制等高线"，输入等高距，默认为 1 米。

（2）再输入要手动采集的等高线高程值，或模型上单击一点，取其高程。

（3）三维窗口中将自动隐藏小于此高程值的模型，沿着模型切面进行采集，默认生成的编码是首曲线编码，也可修改为其他编码。

图 7-43 高程值切面及绘制等高线

（4）绘制完成后，右击退出。

采集过程中可参考三维窗口左上角的文字提示，使用相关快捷键。

Up 键：将当前固定高程值按照设定的等高距为步进进行增加。

Dowm 键：将当前固定高程值按照设定的等高距为步进进行减小。

鼠标右键：结束单次绘制。

Tab 键：打开或关闭边界吸附。打开时，无论光标在何处单击，采集的点位始终落在模型的切面边界上。

Esc 键：结束功能。

2）提取等高线

自动提取闭合范围内的等高线，如图 7-44 所示。

需设定等高距，默认为 1 米。可选择批量提取或单条提取，还可选择等高线的拟合方式。

若模型中存在较多陡峭的山谷或山脊，可修改采样间距，提高等高线与模型的贴合程度。采样间距值越小，贴合度越高，耗时越长，取值范围建议为 0.2 ~ 3。

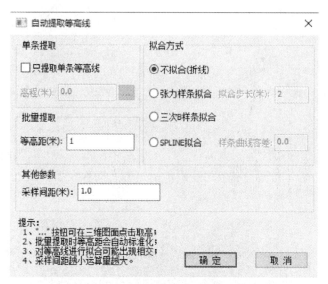

图 7-44　自动提取等高线设置

操作方法：

（1）点击"提取等高线"，选择闭合范围线或输入"D"，在三维窗口中绘制一个闭合范围。

（2）弹出对话框，选择批量提取（默认）或单条提取，并选择拟合方式，点击"确定"，等待生成完毕，如图 7-45 所示。

图 7-45　自动提取等高线图

3）局部调整等高线

根据三维模型调整一条等高线的局部位置。操作方法：

（1）点击"局部调整等高线"，选择一条等高线，此时三维窗口中小于该条等高线高程的模型被隐藏，单击左键或按 D 键采点来修改等高线位置。

（2）修改完毕，单击右键结束，可连续修改，再次单击右键可退出命令。

1．任务考核

表 7-12　任务 7-4 考核

考核内容			考核评分		
项目	内　容	配分	得分	批注	
课前（20%）	能够正确理解工作任务 7-4 内容、范围及工作指令	10			
	能够查阅和理解技术规范，了解主要地物图式的技术标准及要求	5			
	确认设备及素材，检查其是否正常工作	5			
课中（50%）	正确辨识工作任务所需的软件和素材。	10			
	正确检查软件和素材是否正确，完整	10			
	正确选用工具进行规范操作，完成地形地貌采集	10			
	正确掌握等高线绘制方法	10			
	安全无事故并在规定时间内完成任务。	10			
课后（30%）	熟练主要地形地貌采集方式，提升动手能力	15			
	完成指定区域地形地貌的采集、准确性。	10			
	按照工作程序，填写完成作业单。	5			
考核评语	考核人员：　　　　日期：　　年　月　日	考核成绩			

2．任务评价

表 7-13　任务 7-4 评价

评价项目	评价内容	评价成绩	备注
工作准备	任务领会、资讯查询、素材准备	□A □B □C □D □E	
知识储备	系统认知、知识学习、技术参数	□A □B □C □D □E	
计划决策	任务分析、任务流程、实施方案	□A □B □C □D □E	
任务实施	专业能力、沟通能力、实施结果	□A □B □C □D □E	
职业道德	纪律素养、安全卫生、积极性	□A □B □C □D □E	
其他评价			
导师签字：　　　　　　　　　　　　　　日期：　　　年　月　日			

注：在选项"□"里打"√"，其中 A 为 90~100 分；B 为 80~89 分；C 为 70~79 分；D 为 60~69 分；
　　E 为不合格。

项目小结

本项目简要介绍了 SouthMap3D 软件的安装，需要成功安装 CAD、SouthMap 等软件，版本必须适配。为了便于初学者上机实践，着重介绍了 SouthMap3D 软件进行实景三维模型和正射影像图加载，基本地物绘制方法，地形高程点采集和等高线绘制等方法。

项目要点：熟练掌握 CAD、SouthMap 及 SouthMap3D 软件的安装。熟悉 SouthMap3D 软件的使用，熟悉基本的地物地形地貌绘制方法。熟悉如何查阅地形图图式。

项目评价

在本项目教学和实施过程中，教师和学生可以根据以下项目考核评价表对各项任务进行考核评价。考核主要针对学生在技术知识、任务实施（技能情况）、拓展任务（实战训练）的掌握程度和完成效果进行评价。

表 7-14　项目 7 评价

工作任务	评价内容									
	技术知识		任务实施		拓展任务		完成效果		总体评价	
	个人评价	教师评价	个人评价	教师评价	个人评价	教师评价	个人评价	教师评价	个人评价	教师评价
任务 7-1										
任务 7-2										
任务 7-3										
任务 7-4										
存在问题与解决办法（应对策略）										
学习心得与体会分享										

实训与讨论

一、实训题

1. 在计算机上安装并配置好 CAD、SouthMap、SouthMap3D 软件。

2. 使用 SouthMap3D 绘制一块区域的地物地形图，制成完整的地形图。

二、讨论题

1. 根据实景三维模型，认识不同材质的建筑类型（砼、混、砖等）。

2. 根据实景三维模型，认识常用的地物。

3. 目前主流的实景三维测图软件有哪些？

附录：××街道大比例尺数字测图项目技术总结

××街道测量1：1000地形图测绘技术总结

1 概 述

1.1 测区概况

为适应××市城市建设的快速发展，合理、有效地利用土地资源，为××市城市建设和城市市容市貌提升带来新的发展机遇，完善城市基础设施，提升城市文明形象，及时准确地为城区的道路交通规划提供重要的基础资料，满足经济建设和社会发展的需要，受××市规划局（以下简称甲方）的委托，我院承担了××市××区××街道的1：1000数字化测图的测绘任务。

××街道位于××市××区北部，面积约 12.3 km^2，测区内道路地势起伏比较平缓，属于南亚热带季风气候区，年平均气温 20.8 °C，雨季时间长，居民地占测区范围 25%，地物复杂，通视条件差，测绘内容主要为道路、房屋、水系、农田等，地形测量困难类别为建筑与工业区 Ⅲ 类。

1.2 采用基准及已有资料利用情况

1.2.1 采用基准和技术指标

1. 采用的基准

坐标系统：1980 西安坐标系 3°投影分带，中央子午线 118°30′00″。

高程系统：1985 国家高程基准，等高距为 1 m，高程注记：0.01 m。

2. 比例尺和地形图分幅编号

地形图比例尺为 1：1000，地形图分幅采用 50 cm×50 cm 标准图幅，图号由北至南，由西至东按顺序编号。

3. 成图主要精度指标

地形图的平面精度应符合附表 1 的要求，特殊困难地区可适当放宽 0.5 倍。

附表 1　图上地物点的点位中误差

重要地物/mm	一般地物/mm
≤ ±0.6	≤ ±0.8

地形图测绘的高程精度应符合附表 2 的规定，特殊困难地区可适当放宽 0.5 倍。

附表 2　等高线插值的高程中误差

地形类别	平　　原	微　　丘	重　　丘	山　　岭
高程中误差	$\leq 1/3 H_d$	$\leq 1/2 H_d$	$\leq 2/3 H_d$	$\leq 1 H_d$

注：① 高程注记点的精度按表中 0.7 倍执行。
　　② H_d 为基本等高距。

1.2.2　已有资料利用情况

测区内有××市测绘院所布设的《××市 D 级 GPS 控制点成果表》以及××市本地坐标参数，经踏勘检查，测区周边范围内已知控制点保存完好，可以直接利用。本测区利用了 3 个 D 级 GPS 点，其成果精度可靠，符合规范要求，可作为本测区平面控制测量的起算数据。测区内有国家二等水准点 3 个，高程系统为 1985 国家高程基准，点位正规、完好，能满足发展四等水准及其以下高程的需要。

1.3　项目实施

为了保质保量完成控制测量与 1∶1000 地形图测绘工程，我院安排有多年数字化测图经验的高级工程师承担本次作业任务。公司及项目部精心组织、严格管理、优质高效地完成了测量任务。

1.3.1　人员配置

因本项目时间紧、任务重，本项目我公司共投入 6 个全站仪组、8 个 RTK 组共计 14 个外业作业组，2 个质量管理小组，1 个后勤保障小组。累计投入不少于 20 人。项目负责人：××（高级工程师）、技术负责人：××（高级工程师）、质检负责人：××（高级工程师）、外业组长：××（高级工程师）。

1.3.2　项目实施

于 2020 年 10 月 25 日进入现场查勘，11 月 20 日结束野外测绘工作，11 月 28 日结束内、外业检查工作，在规定时间内完成测绘成果提交。

1.3.3　项目投入设备情况

项目投入设备情况如附表 3 所示。

附表 3　项目投入设备情况

设备名称、型号	数量	精度及主要性能	仪器检校有效期	仪器状态
南方 NTS-A11R10S 全站仪	6 台	测距（1 mm+1×10⁻⁶D）测角±1″	2020.7.30—2021.7.29	合格
DL2007	1 台	0.7 mm	2020.2.3—2021.2.4	合格
中海达 V9 GPS	2 套	5 mm+0.5×10⁻⁶D	2020.2.23—2021.2.22	合格
南方银河 1	8 套	5 mm+0.5×10⁻⁶D	2020.2.23—2021.2.22	合格
台式计算机	5 台	4 G 内存，500 G 硬盘		
笔记本电脑	8 台	8 G 内存，1 T 硬盘		
彩色喷墨绘图仪	1 台	HP5500 宽幅 1.5 m		

1.3.4　使用的软件

基础控制 GPS 基线处理采用南方测绘公司提供的 GNSS 数据处理软件；导线图根控制、水准测量数据处理采用南方公司平差易 PA2005 软件；数字化成图采用 SouthMap 成图软件。

2　技术设计执行情况

严格按照设计书、规范、图式的要求作业。

2.1　工程技术依据

《城市测量规范》（CJJ/T 8—2011）；

《全球定位系统（GPS）测量规范》（GB/T 18314—2009）；

《国家三、四等水准测量规范》（GB/T 12898—2009）；

《1∶500、1∶1000、1∶2000 地形图图式》（GB/T 20257.1—2017）；

《1∶500、1∶1000、1∶2000 外业数字测图技术规程》（GB/T 14912—2005）；

《测绘成果质量检查与验收》（GB/T 24356—2009）；

《全球定位系统实时动态测量（RTK）技术规范》（CH/T 2009—2010）；

《技术设计书》，

2.2　控制测量

控制测量是地形测量的基础，是获取可靠地形图的保障。本测区遵循"从总体到局部、由高级到低级、分级布网逐级加密"的原则。控制测量工作量包括：沿线高等级控制点资料的收集、踏勘工作，沿线 E 级 GPS 控制网的选点埋石，GPS 观测、计算。在整个外业勘察及内业设计过程中，严格执行"三级检查"，即作业组自检、项目部互检、单位专检，进行项目全过程质量管理和控制。

2.2.1 平面控制测量

（1）平面控制测量采用 GPS 静态模式进行观测，E 级 GPS 控制网观测利用了距离测区最近的 3 个 D 级 GPS 点，采用边连式。点位要选定在通视良好，利于发展，地质坚实易于长期保存的地方，点位周围视野开阔，便于接受设备和操作，无干扰，交通方便的地方，并埋设钢钉。GPS E 级控制点名按大写字母 G 统一编号，并编制了点位说明（点之记）。观测前对仪器按规范有关要求（附表 4）进行检验，各项性能指标达到要求后方可用于作业。

附表 4 测量观测技术要求

等级	卫星高度截止角（°）	有效观测有效卫星数	时段长度/min	采样间隔/s
E 级	15	≥4	45	10

（2）GPS 控制网测量使用 6 台南方银河 1S GPS 接收机进行观测，为保证总体精度、重复设站率达到规范要求，每次迁站时至少保留两台仪器不动。每站均采用三脚架方式架设天线进行作业，测量过程中仪器的气泡严格稳定居中，对中误差不大于 2 mm。测量前后均量取天线高，在两次较差不大于 3 mm 时，取平均值为最后结果。每站保证同时开机，控制点观测时段均大于 45 min。

（3）数据处理。基线解算软件采用的是南方测绘公司提供的 GNSS 平差软件（SGO）进行。基线解算成果采用双差固定解。基线解算的整周模糊度都大于 3，方差小于 2 cm，平差计算使用 3 个已知点进行约束平差。

2.2.2 高程控制网

高程控制测量主要是联测 E 级 GPS 点，以四等水准点作为起算点。凡是落在平地及小山包的点均用 DL-2007 水准仪采用四等水准联测，山头上或楼顶上的点使用全站仪采用五等电磁波测距三角高程，闭合环垂直角采用中丝法往返各三测回测定，边长进行往返测单测回观测，主要技术指标分别如附表 5～附表 7 所示。

附表 5 五等电磁波测距三角高程导线测量测站主要技术要求

等级	仪器	测回数	指标差较差/（″）	测回较差/（″）
五等	DJ_2	2	≤10	≤10

附表 6 五等电磁波测距三角高程导线测量主要技术要求

等级	每千米高差全中误差/mm	边长/km	观测方式	对向观测高差较差/mm	符合或环形闭合差/mm
五等	15	≤1	对向观测	$\leq 60\sqrt{D}$	$\leq 30\sqrt{\Sigma D}$

注：D 为测距边长（km）

附表 7　四等水准测量主要技术要求

等级	高差闭合差限差/mm		视线长度/m	前后视距差	前后视距累积差	两次读数高差较差/mm
	附合、闭合路线	往、返测较差				
四等	$\pm20\sqrt{L}$	$\pm20\sqrt{K}$	$\leqslant100$	$\leqslant3$	$\leqslant10$	$\leqslant3$

外业观测由采用 DL-2007 水准仪观测，四等水准采用中丝法读数法，外业观测采用电子手簿记录，各项限差均按四等水准的要求进行设置，水准外业观测的各项技术指标满足《国家三、四等水准测量规范》（GB 12898—2009）的要求。水准网的平差计算和资料整理全部在计算机中进行，水准网平差软件采用南方 MSMT 水准平差软件进行严密平差。利用测区内有 3 个二等水准点作为起算点计算。平差后高程最大中误差为 ±1.058 cm，精度均符合水准规范要求。

2.2.3　图根控制测量

为满足地形图野外数据采集的需要，在 D 级与 E 级 GPS 控制点的基础上加密图根控制点，图根控制采用 RTK 测设，信号不好的区域采用全站仪二级附合导线测量。

1. 图根点选点、埋设

图根点密度满足了碎部点数据采集的需要，每幅图内不少于 6 个图根点，图根点之间相互通视。本测区共布设图根点 2036 个。其中图根埋石点 603 个，埋石图根点位于硬质地面（主要指沥青或水泥路面）上的点位，采用长 5 cm 的钢钉打入路面作为标志，为便于寻找，以钢钉顶面为中心用红油漆在地面画边长约 5 cm 的正方形；图根点的编号，以英文字母"T"打头后接顺序号，如"T0001"，点号不得重号。

2. 图根控制测量观测

RTK 图根控制测量观测时采用脚架精确对中，采用多个高等级 GPS 控制点（不少于 4 个点）求 WGS84-西安 80 转换参数，观测时间均大于 30 s，图根点测量过程中遇到高等级 GPS 控制点，及时进行了联测检查，均达到了精度要求。

在信号不好区域，图根平面控制利用已有高等级控制点用全站仪进行二级附合导线加密，图根高程控制采用电磁波测距三角高程导线测定，施测方法均符合技术设计书的规范要求，施测精度良好。

2.3　1∶1000 地形图测量

2.3.1　地形测量技术要求和方法

地形图测绘采用 GPS-RTK 和全站仪数字化成图相结合的方式进行，信号较弱的地方采用全站仪进行全解析法测量，由于电子手簿各项测站检查严格齐全，能随时发现控制点成果错误（包括成果输错，点号与实不符等）、对中误差超限、归零误差超限等，保证了碎部测量实测点的精度。较困难地方采用量距法与交会法，所测地形图均能够满足设计需要。

2.3.2　地形图测绘内容及取舍

绘图使用 SouthMap 数字化成图软件。按甲方指定施测范围我单位统计共完成约 12.3 km² 地形图测绘，地形图测绘总结如下：

（1）地形图表示了测量控制点、居民地和垣栅、工矿建（构）筑物及其他设施、交通及附属设施、管线及附属设施、地貌和土质、植被等各项地物、地貌要素，以及地理名称注记等。

（2）居民地的各类建筑物、构筑物及主要附属设施准确测绘实地外围轮廓和如实反映建筑结构特征。房屋轮廓以墙基角为准，并按建筑材料和性质分类，注记层数。房屋逐个表示，临时性房屋舍去。

（3）道路区分公路、大车路、乡村路、小路四类，对道路交叉及桥梁、涵洞、里程碑、路标等附属设施以及路名，进行详细标注。

（4）在道路中间、路交叉、桥顶等有特征、地形变化、便于判读的地方和大的田块中、居民地内部、单位门口等进行了高程注记点注记。

（5）各种名称注记、说明注记和数字注记准确注出。图上所有居民地、道路、山岭、沟谷、河流等自然地理名称，以及主要单位等名称，均进行调查核实注记于图上。

3　测绘成果质量

3.1　埋　石

埋石点点位状况项目部实地 100%地检查，埋石点点位分布合理，埋石点符合规格，稳定、标石表面字迹清晰，符合规范要求，埋石点密度满足设计书要求，埋石标志清楚易找，点之记资料完整，便于以后工程利用。

3.2　控制测量精度

3.2.1　平面控制

E 级 GPS 控制网采用南方测绘公司提供的 GNSS 平差软件进行基线向量解算，采用双差固定解。控制网中总基线 70 条，重复基线 6 条，重复基线较差最大为 15.33 mm，最小为 0.82 mm；闭合环 12 个，环闭合差最大为 3.2 mm，最小为 0.11 mm；最弱点点位中误差为 4.0 mm，最弱边边长相对中误差最大为：1/42 744，各项精度均满足规范要求。

3.2.2　高程控制

测区五等三角高程控制点测量成果质量如附表 8 所示。

附表 8　测区五等三角高程控制点测量成果质量

直返站高差较差/mm		符合或闭合形闭合差/mm		每千米高差中误差/mm	
最　大	允　许	实　际	允　许	实　际	允　许
−58	62	42	68	9.6	15

测量成果满足精度要求。

测区内布设了一条闭合路线，线路长度为 12.27 km，闭合差为 55 mm，限差为±70.06 mm。满足精度要求。

3.3　地形图质量

对全测区进行外业精度检测，全测区地物精度共检测 84 个点，点位中误差为 0.176 m；高程点共检测 76 个点，点位中误差为 0.035 m，等高线插值求高程中误差为 0.26 m。各项中误差都在设计书要求的范围内，地形图精度良好，满足规范和技术设计书的要求，可提供使用。

3.4　测绘成果检查

地形图成果由小组作业完成并进行 100%的自查互检后，上交到项目部，项目部再对各种观测，计算手簿进行了认真的复查，各类成果表均经二次校核，所有成果室内进行了 100%检查，不低于总面积 20%的实地对照检查。发现问题及时处理，手簿记载齐全，格式符合规定，计算方法正确，控制点精度良好。自查和互查确认无误后，将成果交由质检科进行最终检查。最终检查质量总评为合格产品，其检查结果请参考最终检查报告。最后由项目负责人书面申请验收。

3.5　数据安全措施

加强人员的培训，提高人员的数据安全保密意识。内业处理所使用的计算机为专用计算机，严禁接入互联网。封闭电脑的 USB 接口，禁止插非涉密的移动硬盘进行数据拷贝。数据资料配备专用设备专人保管。电脑由专人定期进行检查维护，注意数据的备份，并做好登记管理工作。

3.6　结论与建议

按甲方指定施测范围我单位统计共完成约 12.3 km² 地形图测绘，结论如下：测区内 1:1000 地形图测量的内容齐全、各种地物表示正确，地形、地貌能反映测区现状。提交资料齐全，采用的测量技术先进，成果质量优良，资料齐全完整，内容翔实，装订格式规范。成果准确可靠，控制布设合理，成果资料可提供甲方使用。经验收，产品质量总评为合格产品。

4. 提交成果和资料

（1）1:1000 地形图电子版 1 份；

（2）测绘技术设计书、测绘技术总结、检查报告电子档及纸质成果 2 份；

（3）点之记电子档及纸质成果 2 份；

（4）导线点成果表电子档及纸质成果 2 份；

（5）GNSS 控制网平差资料、四等水准平差报告、基础控制点成果表电子版本及纸质成果 2 份；

（6）图幅结合表 1 份。

参考文献

[1] 杨德麟，等. 大比例尺数字测图的原理方法与应用[M]. 北京：清华大学出版社，1998.

[2] 赵红. 数字测图技术[M]. 北京：北京大学出版社，2013.

[3] 杨晓明，王军德，时东玉. 数字测图（内外业一体化）[M]. 北京：测绘出版社，2001.

[4] 王正荣，邹时林，等. 数字数字测图[M]. 郑州：黄河水利出版社，2012.

[5] 李征航，黄劲松. GPS 测量与数据处理[M]. 武汉：武汉大学出版社，2010.

[6] 王勇智等. GPS 测量技术[M]. 北京：中国电力出版社，2012.

[7] 纪勇等. 数字测图技术应用教程[M]. 郑州：黄河水利出版社，2008.

[8] 潘云鹤，黄金样等. 计算机图形学[M]. 北京：高等教育出版社，2003.

[9] 张坤宜等. 交通土木工程测量[M]. 北京：人民交通出版社，2013.

[10] 侯林锋，李强等. 数字化测图[M]. 西安：西安交通大学出版社，2015.

[11] 中华人民共和国国家标准. 国家基本比例尺地形图图式 第 1 部分 1∶500 1∶1000 1∶2000 地形图图式：GB/T 20257.1—2017[S]. 北京：中国标准出版社，2018.

[12] 中华人民共和国国家标准. 1∶500 1∶1 000 1∶2 000 外业数字测图技术规程：GB/T 14912—20171[S]. 北京：中国标准出版社，2018.

[13] 中华人民共和国测绘行业标准. 基础地理信息要素分类与代码：GB/T 13923—2022[S]. 北京：中国标准出版社，2022.

[14] 中华人民共和国国家标准. 测绘成果质量检查与验收 GB/T 24356—2009[S]. 北京：中国标准出版社，2009.